生活因阅读而精彩

生活因阅读而精彩

做事带三分侠气
做人存一点素心

叶明梓·编著

中国华侨出版社

图书在版编目(CIP)数据

做事带三分侠气，做人存一点素心 / 叶明梓编著.—北京：
中国华侨出版社,2013.8

ISBN 978-7-5113-4000-9

Ⅰ.①做… Ⅱ.①叶… Ⅲ.①人生哲学–通俗读物
Ⅳ.①B821–49

中国版本图书馆 CIP 数据核字(2013)第207321号

做事带三分侠气，做人存一点素心

编　　著 /	叶明梓
责任编辑 /	月　阳
责任校对 /	孙　丽
经　　销 /	新华书店
开　　本 /	787毫米×1092毫米　1/16　印张/17　字数/250千字
印　　刷 /	北京建泰印刷有限公司
版　　次 /	2013年10月第1版　2013年10月第1次印刷
书　　号 /	ISBN 978-7-5113-4000-9
定　　价 /	32.00元

中国华侨出版社　北京市朝阳区静安里26号通成达大厦3层　邮编:100028
法律顾问:陈鹰律师事务所
编辑部:(010)64443056　　64443979
发行部:(010)64443051　　传真:(010)64439708
网址:www.oveaschin.com
E-mail:oveaschin@sina.com

前言

人生在世，无非只有两件事：一是做人，二是做事。做人是一种境界，需要技巧；做事是一种技巧，需要境界。

无论是做事还是做人，并不是无章可循。只要我们找到其中的法门，就能走出一条属于自己的路，做事就具备了一定的技巧，做人就达到了一种境界。此时，做人、做事，便不再是难事。

《菜根谭》有云："交友须带三分侠气，做人要存一点素心。"其中的交友，自然是某种特定行为，而我们却可以将其延展开来，理解为在与人打交道的过程中，在处理事务的过程中，要存有几分侠义之气。"侠"是尊崇坦荡无私、积极进取、患难与共、指挥若定等特质。"侠"着重在于弘扬正气，"正义"往往成了"侠"的主旨。无论江湖多么凶险，哪怕境况险象环生，但有"正义"存在，"侠"就依然通行无阻，稳操胜券。

何谓素心呢？素心则是指朴实无华、纯净无私、淡然宁静的思想境界。《辞海》中给出的诠释是：心地淳朴之意。此之谓素心之根本。

我们存有一丝素心，那么内心就会变得简单，心简单了，世界也就简单了。当我们带着一份淡泊的心志、宁静致远的心境，望着窗外花开花落，观看天空云卷云舒时，会发现，自己已然在生命长河里活出了属于自己的那份精彩，在喧嚣尘世里活出了属于自己的那份坦然。

诚然，在如今这个越来越复杂的社会中，要想更好地生存和发展，是离不开掌握做事之法、为人之策的。一个人无论家庭背景多么显赫，才华多么出众，如果不懂得这些，那么做事就不容易成功，做人也同样容易失败。

只有做事和做人能够相互交融，做事展现侠气，做人体现素心，我们的人生才会其乐无穷，我们的事业才会功成名就。

如若认同这些观点，如若正在追求这样的人生，那么请翻阅此书吧！

它不会告诉你如何一夜暴富，但会告诉你怎样通过工作来发挥和提升自己；

它不会告诉你如何壮大一个企业，但会告诉你如何融入团队，让自己立足；

它不会告诉你如何成为人中龙凤，但会告诉你如何经营自己、提升自己、完善自己。

只要能够按照书中所说的那些细节一点一点地塑造自己，改变自己，就会发现无论是工作还是生活都变得容易出成绩，而自己的内心也越来越温和、丰盈和充满力量。

掌握做事的法则，懂得做人的技巧，先求生存，再求发展，美好的未来在等着你！

我志扬迈，风生水起
做事要有气质

做事要有灵气 | 第一章

世事洞明皆学问，人情练达可成功。面对人世间纷繁复杂的事务，有的人能应付自如，有的人则无所适从。一个人的前途与命运如何，最终将取决于其做事的方法。

工作要有神气 | 第二章

心态决定状态，动力影响效力。在工作中，我们以什么样的姿态呈现，那么就会获得相应的结果。所以，我们要想取得工作业绩，就要带着十足的精气神投入到工作中去。

第三章 | 团队要有士气

一个人奋斗总是单枪匹马，一朵鲜花打扮不出美丽的春天。任何人都不能靠自己的力量取得优良的成绩，而是要依靠团队的士气才能所向披靡。

第四章 | 用人要有豪气

能否留住最有价值的人才、能否使众人的潜能得到最大程度的发挥、能否使整个团队取得优异的成绩，主要看这个团队是否有一个豪气冲天、果敢睿智的领导。

第五章 | 执行要有霸气

无论是多么伟大的梦想、多么恢宏的蓝图、多么正确的决策、多么严谨的计划，如果没有严格高效的执行力做支撑，最终的结果都会和我们的预期相去甚远，甚至南辕北辙。

行动要有锐气 | 第六章

世界上的任何一个人，都有属于自己的一条路。然而，机会是不平等的，它青睐勤奋的人、勇于争取的人、超前地多跨了一步的人。走自己的路，也许意味着你要付出更多的艰辛，要忍受更多的苦难。

担责要有勇气 | 第七章

遇事就缩头，出了问题不是逃避就是将责任推给别人，这是处世之大忌。真正令人敬佩的人，都是敢于担当之人。所以，要想让自己的人生一片光明，我们必须诚实地面对自己的责任，而不要学鸵鸟一样把头埋在沙子里。

不忘初心，方得始终
做人要懂修心

第八章 │ 静心，静能生慧

综观现代生活中的人们，更多的是马不停蹄地忙碌，是不安地躁动。殊不知，真正美好的人生，是需要超脱于忙碌与躁动之外的，它的名字叫"心静"。我们若能做到内心平静，一些本来会激起自己愤怒情绪的事情都会迎刃而解。

第九章 │ 素心，淡然空灵

人性中对私利的要求而改变了自己的心境和心界，使人与人之间充满了虚伪和奸诈，最终导致人间真情的丧失，仅仅剩下对功利的追逐和虚伪的人情。超然物外，则能以超常的人格魅力摆脱世俗虚荣，保持人与人之间的真诚相处。

定心，不为境转 | 第十章

"一心向着自己梦想奔跑的人，整个世界都会给他让路！"的确，没人能阻止你奔向伟大的前程。在成功者的身上，我们不难发现他们都有一个共同的特质，那就是只要自己认准了的事，都有坚定的信念。

随心，洒脱平和 | 第十一章

一个人的心态就是他真正的主人，要么让自己去驾驭生命，要么让生命驾驭自己，而自己的心态将决定谁是坐骑，谁是骑师。只有废弃狭隘的思想，葆有开朗大度的心胸，才能淡泊洒脱，才会有坦荡的人生之路。

宽心，豁开天地 | 第十二章

每个人都有处理伤口的经验，小伤口消毒涂药，大伤口缝合打针，留下的伤疤有待时间抚平。与其追逐着过去的伤悲，不如看开一点，赶快打点行装奔赴未来，人生有那么多东西值得你去经历，更好的事物正在前方等待着你。

第十三章 ｜ 正心，大道天成

我们难免遇到一些挫折和麻烦，比如工作中感觉不顺利，比如生活中感到疲惫不堪。这时候，我们没必要抱怨或者沮丧，我们最需要做的就是把以前画上句号，做好现在的自己，然后以全新的姿态开始新的一天。

第十四章 ｜ 善心，福往福来

真正的强者，都具有悲天悯人的情怀，"哀民生之多艰"，并愿意尽一己之力给弱者以帮助。历史上伟大人物莫不如此。我们应该学会善待他人，相信每一个来到你身边的人都是来自上帝的恩赐，而你赋予他人的每一次善行都必有回声。

上篇 / 我志扬迈，风生水起

做事要有气质

第一章
做事要有灵气

> 世事洞明皆学问，人情练达可成功。面对人世间纷繁复杂的事务，有的人能应付自如，有的人则无所适从。一个人的前途与命运如何，最终将取决于其做事的方法。

话说得巧，事情才办得妙

一直以来，受传统观念影响，人们都认为说得好不如做得对。那种"见什么人说什么话"的做法会被列入见风使舵者的行列，是让人嗤之以鼻、不屑一顾的。

不过，随着时代的发展，人们的思想观念也逐渐转变，已经有越来越多的人似乎对说话要说得好听有了一定的认同。

事实上，把话说得好听，并不是要我们油腔滑调、油嘴滑舌，而是在为人处世中保持一种侠义之气，不小肚鸡肠，不斤斤计较。这样会让我们的表述富有弹性，也有利于我们平衡人际关系，以便让自己能够在周围的环境中"吃得开"。

刚走出大学校门两年的江镇，现在已经是某著名食品公司的部门经理了。这一职位的获得，可不是什么"裙带关系"的作用，而是江镇自身的高情商来赢得的。

两年前，刚进入这家公司的时候，江镇只是个小小的业务员。在做业务员的日子里，江镇和客户的关系就跟朋友一样，因此他的业绩也是蒸蒸日上，年底统计的时候，他比那些做了三四年业务员的同事都强很多。

在优秀员工表彰大会上，领导让江镇和大家分享一下他在做业务员的过程中最重要的感受。江镇没有隐藏，把自己的经验谈了出来。他告诉大家，他与客户相处有一个独特的方法，就是"见人说人话，见鬼说鬼话"。大家听了，都感到好笑又好奇，期待着江镇具体解释一下。

江镇说，如果遇到像"人"的客户，他就用"人"的方式与其说话；如果遇到似"鬼"的客户，就用"鬼"的方式与其过招。江镇还举了个例子。他说，有一天，江镇自己要去拜访两位客户，见到第一位像"人"的客户王总，江镇面带笑容地说："王总，早上好！"

"是小江呀，我们好久不见了，你最近怎么样？工作还顺利吧？"王总回应道。

江镇马上回答说："我还不错，公司正在调整产业结构，准备推出一些新的优惠政策。"

听到这里，王总立马来了兴趣，忙问道："什么政策？对我们大客户优惠得多吗？"

接着，江镇不紧不慢地说："当然，您这么支持我的工作，我有好消息当然得马上告诉您。我今天来就是跟您说这件事情的，您现在方便吗？"

"当然，你跟我好好讲讲。"

结果自然是顺利"拿下"了王总这个大客户。

和王总告别后，江镇去见了第二位似"鬼"的客户朱总。江镇嬉皮笑脸地说："朱大老板最近在哪儿发财呢？您都把我给忘了吧，电话也不给我打一个，网上也总不见您。"

朱总也笑道："你这臭小子，居然还挑上我的理了？我忙着赚钱呀，还不是为了支持你的业务嘛，去年我赚的那点钱，不都投到你们公司了嘛！你小子，吃香喝辣的，也不知道关心我这穷人的死活……"

"嘿嘿！"江镇憨憨一笑，说道，"不跟你比贫了，我有正事和你说。我们公司最近新出台一个优惠政策，具体情况是这样的……"

同样是江镇，但在不同的客户面前，他却运用了两种截然不同的说话方式。这两种方式，不但让两个客户心情愉快，而且也让江镇顺利拿下了两笔订单。江镇的成功正在于此吧！

通过这个案例我们可以感受到，一个人要想把事情做好，先要把话说得好。或者说，如果能够在说话时体现出一种巧妙的"江湖侠气"，那么事情的成功概率就会大增。

要知道，在社会高速发展的今天，那些勤勤恳恳的老黄牛已不再是时代的宠儿，能说会道才是游刃有余的锐利"武器"。

在 20 世纪 40 年代，西方国家就把"口才、金钱、原子弹"列为世界上生存和发展的三大法宝。到了 60 年代，又将"口才、金钱、计算机"看成最具力量的三大武器。可见，怎样说话、说什么话一直是名列榜首的。虽然说话是个看似简单的活动，其实质的作用却不容小觑。

29 岁的赵妍在一家大型公关公司担任策划经理。她思维灵活，博学多才，有着很强的策划能力。但是在这家公司工作了 5 年之久，她却一直没能得到提升。

到底是什么原因呢？

原来，都怪赵妍是个"不太会说话"的人。用她的上司的评价就是：太实话实说了。

比如，有一回，赵妍的顶头上司杨总监告诉她，要给一家 IT 公司的新产品做一个宣传案的策划。策划部开过讨论会之后，赵妍便完全按照策划总监的指示做了策划案。

当时，由于策划总监在休年假，所以这份策划案便由赵妍直接交给了执行总裁。当策划案交到执行总裁那里时，成竹在胸的赵妍本以为会被表扬一番，然而没想到的是，却被狠狠地批评了一通。

赵妍对执行总裁说，这个策划案是策划部门所有员工讨论的结果，策划总监也非常赞同，而且在这个策划案中，大部分都是策划总监的想法。

执行总裁立马致电策划总监，要和他当面对质。执行总裁面带怒色地质问策划总监："听说这些都是你的想法、你的创意，就这种东西还能叫策划案，还值得你动用全部门的人来集体策划？亏你还做了这么多年的策划总监，这是小学水平嘛?!"

从总裁办公室出来，赵妍接到了总监的电话，又被总监批评了一通。总监对她说，以后说话前好好想想，别太实在，什么都说出去。自己费心费力没讨好，反而还挨了两通批评，赵妍实在感到委屈，她心想："难道说实话也有错吗？当时自己进这家公司的时候，人力资源总监可是明确指出来，不要说假话的。现在自己每一句都是实话，反倒挨批评，真是没有道理。"

赵妍就是在这种认死理的状态下工作着，虽然勤恳，但升职加薪却总也轮不到她。这不得不说是她说话水平不高导致的。

一位语言培训师曾说过："良好的表达能力是一个人综合素质的体现，有不少人能写但不能说，茶壶里煮饺子，有货倒不出，参加实战的机会太少，许多机会与自己擦肩而过。"在如今这个竞争日益激烈、人际交往错综复杂的社会，能够拥有一张会说话的嘴巴成了人们必做的功课之一。如果有人还是固执地认为"凭借我的能力和努力，我就可以在工作中顺风顺水、扶摇直上"，那只能证明他"很傻很天真"了。

所以，希望读者们谨记：生活如战争，如果说能力和努力是一匹战马，那么在说话过程中，能够做到见什么人说什么话，随时都体现出一股侠气，那么就相当于你已经具备了战士不可或缺的锋利宝剑。

剑走偏锋也可出奇制胜

常听到这样一句俗语："剑走偏锋，出奇制胜。"尤其对于当今的商品社会，这句话有时候显得更有效力。我们知道，现如今，各行各业都有旗舰品牌的存在。想要在这些行业中立足，这显然并非易事。倘若不自量力地硬碰硬，到头来也许就是"船毁人亡"，辛苦建立的事业被那些大型企业吞并。

自然界中，小小的狐狸之所以能够存活，就在于剑走偏锋、不与豺狼虎豹直接竞争。我们也不妨学学狐狸，瞄准大企业留下的市场空隙去寻找商机、创造市场。

实际上，侠，绝非是一股脑豪情万丈地向前冲，而是始终保持激越的情愫，让自己该进则进，该退则退，该绕道绝不硬闯。

日本的电器市场竞争很激烈。在当时，日本新力公司是一家不大的电器公司。不过，在大厂商的层层包围下，这家公司研制出了一套"间隙理论"：在很多大圆圈之中，必然存在着一丝空隙。也就是说，有一小部分市场没被占领，只要抓住这些空隙，马上行动，再与其他小空隙联合，必定能超过那些大圆圈（大厂商）的市场。

在这种思想的引领下，经过不断努力，新力公司最终发展壮大起来，并迅速抢占了市场。新力公司通过这种"间隙理论"不断向国外谋求发展，在世界各地建立了一个个销售点，构建了一个个销售网。1961年，全球登记销售新力商品的国家达100多个。

新力公司在夹缝中不断成长，瞄准了大公司的空隙，创造出了属于自己的市场，最终成为世界一流的电器企业公司。所以说，剑走偏锋，从市场夹缝中创造市场，这是商界最有效的捷径。

也许你会说，眼前有那么多机会，何苦还要让自己那么辛苦？的确，现实中有些机遇是显而易见的，但是，这样的机遇竞争必然激烈，它所能带来的效益自然也就不大。但假如能独具慧眼，发觉那些隐藏在背后的潜在机遇，那么，你就有可能在没有或很少有竞争对手的情况下轻而易举地抓住和利用它，以微小的代价获得巨大的利益，创造出前所未有的市场。

例如，如今在北京人气极高的南锣鼓巷，其中布满了各式新奇小店，它们或是经营手工 T 恤，或是贩卖前卫文化产品，每年的收益都高达数百万元。这些都是那些大品牌没有涉及的领域。所以，只要你有一双善于发现的眼睛，那么就会发现市场其实无限大，并且没有人能够成为你的竞争对手。

李剑是个在北京上学的大学生，出生于兰州市城关区一个普通工人家庭。他的父亲曾经当过兵，是个"军事发烧友"，平时不抽烟、不喝酒，最大的爱好就是看战争片，例如《莫斯科保卫战》、《上甘岭》、《桥》、《瓦尔特保卫萨拉热窝》等。受其影响，李剑从小就迷上了电影，并在它的陪伴中度过了美好的童年时光。

李剑在 2004 年大学毕业后，进入了一家大型商业调查机构，担任数据分析师。在朋友眼里，李剑的生活非常让人羡慕：他穿西服打领带在高档写字楼里办公，看上去很风光，身边都是一些金融圈的著名人物，这样的生活谁不想要呢？

可是李剑明白，在表面的风光下，自己其实一点也不开心。李剑每天泡在密密麻麻的数据堆里，因为这是件很枯燥、很令人头疼的事，所以这位性格活泼的帅哥总觉得很压抑。

一个周末，李剑约了几个好友，一起去一位兰州老乡家做客。这时，他看到老乡家的墙上挂着一幅美国大片的巨型海报。当时在国内这种原版的巨型海报非常少见，李剑从来没见过印刷如此精美、效果如此逼真的电影海报，他像呆了般站在那里，两眼放光，久久不愿离去。

李剑特别喜欢这幅海报，于是询问同乡是在哪里买到的。一问才知，原来这是同乡从国外带来的，北京根本买不到。一下子，李剑不禁有些失落。看着他痴迷的样子，那位曾在美国留过学的同乡说："既然你这么喜欢海报，不如干脆开一家电影海报馆得了，保证能赚钱！"

老乡的话，让李剑思索了好长时间。与此同时，老乡还告诉他，因为这种海报具有较高的艺术价值，在西方青年中已成流行时尚。在纽约、洛杉矶和米兰等城市，有许多专门经营电影海报的商店，生意都非常好。同时，他们还经常举办一些私人藏品拍卖会，那场面，就和国内拍卖古董和艺术品一样热闹。

回到家后，李剑迫不及待地搜寻这方面的资料。通过各种渠道的了解，他这才知道，美国电影海报的年销售量高达四五十亿美元，海报发烧友甚至超过集邮爱好者；而在我国，除港澳台地区外，这个行业基本还属起步阶段，具有巨大的市场发展空间！看到这些，李剑不由得热血沸腾了起来，决定在电影海报这个冷门领域里闯出一番事业！

李剑说干就干，辞了原本那份安稳的工作，在海淀区租下一个60多平方米的店面。他选择这里的原因是周围有十几所大学，再加上高档写字楼林立，有着深厚的文化氛围。果不其然，李剑的这个"冷门小店"立刻吸引了所有人的注意，小店开张仅半年，李剑就轻松收入14万元，相当于过去他两年多的薪水！

随着小店的生意越来越好，2006年5月，已手握80多万元资产的李剑在北京海淀区注册成立了自己的公司，并于当年10月在家乡兰州开了第一家分店，成了中国"电影海报"发家的第一人。

通过冷门的"电影海报"市场，李剑获得了事业的成功，这对于还在有些纠结的你，不正有很多借鉴意义吗？假如能独具慧眼，让自己怀着一颗侠心闯世界，那么就会发觉那些隐藏在背后的潜在机遇。这样，你就有可能在没有或很少有竞争对手的情况下，轻而易举地抓住和利用它，以微小的代价获得巨大的利益，创造出前所未有的市场。

打动人心，难事也能变简单

在一家企业进行的员工培训课程中，培训师提出这样一个问题："大家考虑下，你认为从事什么行业的人说话能力最强？"其中，有超过3成的人都认为是律师，因为律师都是能言善辩、思维能力和语言表达能力很强的人。

没想到，培训师却不认同这一看法。他说："一个人善辩不代表他的口才好，只能说明他的分析能力比较强，反应比较机敏。他驳倒别人的能力很强，是个很好的辩手，但这样的人也往往不得人心，容易被别人孤立。真正能够赢得别人信赖和喜欢的，是把话说到点子上、说到别人的心坎上、让人家听着舒心的人，这才是真正的沟通本领。"

其实，培训师说得很有道理，说话就像送礼，礼物不在于有多贵重，而是是否合乎受礼者的心意。如果对方喜欢西点，你恰好送了一款性能不错的烤箱，效果比你送一套昂贵的茶具要好。

与人交往也是如此，说话做事能带着一种侠气，直接戳到别人心窝里，可远胜过溢美之词和不得章法的费力了。

历史上著名的改革家商鞅，年纪轻轻就已经胸怀大略，只可惜没能得到重用。

终于有一天，怀才不遇的商鞅听说秦孝公励精图治，广招贤才，于是就带着自己经年累月反复苦读的十几车书，浩浩荡荡地到秦国去应聘。

商鞅这么大的阵仗，又是这么新奇的应聘方式，引得人们议论纷纷，就连秦孝公本人也有所耳闻。

见到秦孝公之后，商鞅大谈"人道"。这是孔老夫子的当家学问。因为商鞅对此颇有心得，所以讲起来是口绽莲花、头头是道。然而，让他没想到的是，秦孝公听着听着居然差点睡着。之所以还坚持听商鞅讲道，无非是为了给他点颜面，不至于让商鞅太过难堪罢了。

聪明的商鞅哪能没察觉到这一点呢，他心里顿时明白了：自己的话没说到秦孝公心里去，人家对"人道"不"感冒"呀，于是他便知趣地告退了。

过了些天，商鞅再一次登门拜访。这一次他换了，不讲"人道"，而开始讲"王道"，大谈治国平天下的宏图伟略。让他没想到，这一次秦孝公跟上次没多少区别，依然是不感兴趣，昏昏欲睡。不得已，商鞅只得再一次告退。

两次都没能让秦孝公听进去，商鞅并不气馁，他准备继续觐见秦孝公。于是，不久之后，他又一次来见秦孝公了。这一次，商鞅不谈"人道"，也不谈"王道"，而是谈"霸道"。也就是所谓的以法治国、富国强兵等学问。

这一次，大大出乎商鞅的预料，没想到秦孝公对此兴趣盎然，越听越精神。就这样，两人促膝长谈了好久。没过多长时间，秦孝公便授命商鞅进行改革。这就是历史上著名的"商鞅变法"。商鞅变法为秦国日后兼并六国、统一天下奠定了重要的基础。

任你说得天花乱坠，只要没说到听者的心里去，人家就不管你那一套。要想让别人感兴趣，自己得把话说到"点"子上，也就是说到对方的心坎里。从商鞅会见秦孝公的事例便可看出这一点。

简言之，就是想要把事情办好，实现自己的目的，就要想办法抓住别人的心。而要想打动别人，就需要我们具有一丝侠气，而不是钻牛角尖把自己给封闭起来。只有这样，才能让对方愿意和自己接触，听得进我们所说的话，尊重我们的意见和观点。想想看，刘备三顾茅庐，前两次都遭到诸葛亮的怠慢，其实诸葛亮是想通过这一点来考察一下刘备有没有诚心招贤纳士。当刘备谦恭的行为打动了诸葛亮以后，他便开开心心地接受了要求，出山辅佐刘备建功立业。

说到底，要打动人心，我们得带有那么一丝侠义色彩，让自己的心智开阔明朗，敢想敢做。只有这样，我们才能知道他人所想，也才能让对方知道我们心中所想。要知道，由于每个人因成长环境、文化程度等方面的不同，所以喜欢和关注的事物也会有所不同。我们如果了解了这些，就会比较容易说出合他人心意的话了。

休完产假后的小黄，重新回到工作岗位上，很是有些不适应。加之工作内容也发生了一定的变化，这让她做起来难以像从前那样得心应手。

这一天，小黄对着一张报表研究了半天，可还是云里雾里的，于是就向前不久刚刚"空降"过来的前辈——周姐请教。起初，周姐对她爱理不理，只是简单地说了一些皮毛。

小黄正要知难而退，突然看见周姐的办公桌上有一张十字绣的图，她灵机一动，说道："周姐，你喜欢十字绣？"周姐头也不抬地说："嗯。"小黄继续说道："绣十字绣的人一般都心思细腻，分析能力比较强，我说你怎么做起表格来这么驾轻就熟，多复杂的报表，一到你手中，都会变得简单。"

周姐听后，嘴角露出一丝笑容，说道："你对十字绣很有研究啊，没事的时候，咱们可以一起探讨一下。"小黄见状，赶紧点头，趁机又请教了一遍刚才的问题。周姐热心地指导起来，还告诉小黄，有不懂的地方可以随时来问她。

小黄用几句夸奖的话"降服"了周姐，使之从一个高傲、冷淡的前辈变成一个温婉、和蔼的人。这就是打动人心的作用！

所以说，与人打交道，说什么、怎么说是非常重要的，只有说到对方心坎里，让对方感到舒坦了，那么一些看起来不可能的事也就变得可能了。

心胸豁达，该"糊涂"时就糊涂一点

古人有云："为学不可不精，不精则荒废；为人不可太精，太精则招祸。"其中的意思不难理解，是在告诫人们，做学问不能稀里糊涂，否则就会一知半解、半途而废；而做人则不能太过精明，否则就容易招致祸患。

这其中所体现的，正是一种开阔、豁达的侠气本色，也是一种睿智、聪明的处世智慧。

不过，反观现实，不具备这一特质的人还真不少。这些人生怕别人不知道他的聪明，总想在人前显露自己的才能和智慧。遇到事情也总是秉持绝不吃亏的心态，一定要折腾个水落石出，青红皂白。

这些人显然不清楚糊涂为人的道理。这种不肯装糊涂的行为往往会"聪明反被聪明误"，是愚蠢的行为。所以，我们在生活和工作中，还是不要自作聪明，而要适当地装装糊涂。历史上周瑜"赔了夫人又折兵"的典故可以说是家喻户晓，在此我们一起回顾一下。

周瑜从小就是个长相帅气的男孩子，长大后更是才貌双全，风流倜傥。曾经，曹操屯兵百万，虎视眈眈地驻守于长江沿岸。这一阵势对东吴来讲压力不小，于是很多人劝孙权投降，到后来军心都因此而涣散了。不过，周瑜却力排众议，绝不答应投降于曹操。周瑜的这一做法，使他赢得了军心，也赢得了威望。

后来，蜀国"老大"刘备的夫人去世。周瑜知道之后，便想出来一个计策，要孙权的妹妹嫁给刘备，并且要让刘备来入赘，也就是做上门女婿。他的目的可远不止撮合刘备和孙权妹妹的婚事，而是想借此来幽禁刘备。走到这一步之后，再派人去讨荆州来交换刘备，这样就等于把荆州拿下了，拿下荆州再对付刘备就更容易了。

就这样，周瑜打发了吕范作为媒人，前往荆州说亲。让他没想到的是，神机妙算的诸葛亮一听就知道是周瑜的计谋。不过诸葛亮并没有阻止这门亲事，而是让刘备答应下来，并让赵云保护刘备同往。在他们临行前，诸葛亮还给了刘备3个锦囊，里面藏着3条妙计。

刘备来到东吴之后，孙权的母亲对这个未来的"女婿"颇为满意，真心实意地要把女儿许配给刘备。这可让周瑜和孙权哭笑不得，他们没想到居然弄假成真了，更让他们无奈的是，这样一来又不能公然囚禁和杀害刘备了。

这还不算，刘备劝说孙权的妹妹去往荆州，孙姑娘竟然满口应允，愿意随夫君刘备前往荆州。于是，刘孙二人商定趁着去江边祭祖的时机逃离东吴。

这事还是被周瑜知道了，他连忙派兵追赶。待周瑜赶到江边时，只见诸葛亮已经在岸边等着他了，而这时候刘备和孙权的妹妹已经登上了船，向荆州方向而去了。

这便是历史上有名的"周郎妙计安天下，赔了夫人又折兵"的典故。

虽说这只是个历史典故，但从中我们不难感受到，周瑜自作聪明所带来的后果与诸葛亮揣着明白装糊涂的结果。

其实，不管是做事还是做人，都要有一股明朗的侠义之气，而不要过于精明。如果只顾眼前利益，往往会因小失大，得不偿失。可以说，一个真正有智慧的人，往往是那种深藏不露的厚道人。他们往往心里有数，但不会轻易地表现出来。也可以说，表现得糊涂的人实际上往往比那些表现得聪明的人更聪明、更清醒。他们之所以要"糊涂"，是因为对事物参透得深刻，对周围的人和事看得更明白，更有包容之心罢了。

某国营工厂的一位劳动模范和一位关系不错的同事，曾经在私人交往中有过

5000元钱的往来。结果出了岔子，劳模说自己亲手交给同事的，同事却说根本没这回事。

此后，两人就这个问题在背后说了彼此很多坏话，这件事慢慢地传到了厂长助理的耳朵里。他们俩开始担心，厂长助理万一把这件事告诉厂长，厂长要是出面处理，该多难为情啊。因此，两人都紧张得不行，开始后悔因为几千块钱把事情闹得这么大。那位劳模很爱面子，怕张扬出去有失自己的身份，那位同事也是个要面子的人，怕张扬出去人们都相信劳模而不相信自己，这样一来，自己岂不是威信扫地了嘛！

可是为时已晚。正如他们所料，厂长助理把这件事报告了厂长，并建议厂长对这件事认真处理。如果是那位劳模的问题，那么就要教育他；如果是那位同事有错，就更应该教育，不能给劳模抹黑。

可是厂长却不这么认为，他觉得这件事完全可以冷处理，不管就是了。再说了，具体的情况还没搞清楚，教育谁也不好。因此，厂长就装作不知道这件事，和那两个人见面的时候还是和以前一样，对他们信任如初。

过了一段时间之后，这件事终于被弄清楚了，原来是一场误会。那位劳模实际上并没有把钱交给那位同事，而是给了同事的爱人，他记错了。同事的爱人收到了那5000元钱后，把这件事告诉了他，结果他错听成是另一个人还的钱。

试想，如果厂长听从了助理的建议，亲自参与处理这件事，那么肯定要生出很多枝节来，到时候大家脸上都不好看。

因此，在一些无伤大雅的事情上，我们还是多学一下这位厂长，让自己有一种豁达、明朗的胸怀，适当地装装糊涂。很多时候，我们没必要将每件事都分析得滴水不漏。如果做到揣着明白装糊涂，那么不但有利于增进彼此间的信任，赢得对方的友谊和尊重，还会让自己少去很多不必要的麻烦。何乐而不为呢！

分清轻重缓急，才能事事圆满

古人云："事有先后，用有缓急。"也就是说，我们在做事的时候，得会分个轻重缓急。这样才能用有限的时间和精力，把事情做好，将问题处理得圆满。如果眉毛胡子一把抓，那么必然难以将精力集中起来专心于一件事情上，而结果也将会混乱不堪，难以达到将事情顺利做完、做好的效果。

身处现代社会中的我们，面对的一切都是纷乱的、复杂的，总会有千头万绪、问题多多的时候。这时，我们就需要冷静一点，有计划一些，把问题的轻重缓急分清，然后找到其中最迫切需要解决的问题，并集中力量解决它。倘若我们不具备这种能力和气度，那么就会陷于疲惫之中，到头来什么事情都做不好。

林燕在一家杂志社任责任编辑，她并不是编辑部里业务水平最好的，但却是工作效率较高的。通常情况是，林燕在每期杂志的选题确定下来后，不是先急着投入工作，而是会把这一期的工作进行一下布置，哪些是重要而且紧急的，哪些是重要但不紧急的，哪些是既不重要也不紧急的。

有了这样的框架后，林燕就知道最先应该做的是什么，其次是什么，最后是什么。

正是这样的做事方式和做事习惯，让林燕的工作效率和工作业绩一直名列前茅，同时也为美编的排版、设计工作提供了便利，大大节省了时间。很快，林燕就获得领导和同事们的认可，并得到晋升。

根据林燕的案例我们不难看出，分清轻重缓急来做事是多么重要！

如果注意一下，我们或许会发现身边常有人说：为什么我投入了那么多精力，而且我也有不错的方法，可最终的效率就是上不去呢？

其实，造成这一局面的原因，很可能就是因为眉毛胡子一把抓，没有分清轻重缓急。我们每个人都可以根据自身的情况去追求高效率，但是万万不可本末倒置。因为每个人的情况是不一样的，自己已经形成的节奏可能就是完成事情的最佳选择。

当然，要想把事情做好，追求办事的效率，那么就需要我们处理好效率与效果的关系。在现今这个竞争激烈的时代，虽说追求效率无可厚非，但是要让工作张弛有度，就要用效率来衡量。

在实际做事的过程中，效率就像拉动马车前进的马，一定要具备良好的性能，并与自己的车协调一致才能走得更快、更稳。因为完成每件工作所需的时间有长有短，对于那些不用高度集中精力的工作，可利用等待的时间来见缝插针地完成它。

如此，则是一种有条不紊的做事风格的体现，也是一种从容不迫的行事风格的体现。倘若我们能够做到这样，那么就可以把时间和精力安排到最理想的状态，从而实现效率最大化。

著名诗人歌德曾说过这样一句话："重要之事决不可受芝麻绿豆小事的牵绊。"从中我们不难理解，凡事都要有个轻重缓急，在特定时间里，一定要做最重要、最紧迫的事情。

能够合理地利用时间和精力，这是一种良好的做事习惯，也是一种难能可贵的做事智慧。我们再来看一个相关的案例。

理查德作为某大型钢铁公司的负责人，很长时间以来，他都为公司烦琐的工作而感到忧心。

在他掌管下的这家大型公司，拥有十几万员工，各种事情就像雪片一样堆到他的案头。渐渐地，理查德感到力不从心，应付不过来。他只好花重金去咨询了一位效率专家，希望那位专家可以给他一套能够提高工作效率的方法。

详细了解了理查德的情况后，这位专家说道："现在，我用 10 分钟的时间来教你一个至少可以把工作效率提高 50% 的方法。这套方法你可以一直用下去，然后给我寄一张支票，并填上你认为合适的数字就可以了。"

10 分钟？50%？这两个数字把理查德的胃口给吊了起来，他急不可耐地想知道是什么好方法能这么神奇。

接下来，只听这位效率专家说道："今天晚上，你需要做的是把明天必须做的最重要的工作记录下来，然后按照重要程度进行编号。排在最前面的是最重要的，往后依次类推。早上进入办公室之后，你立马从第一项工作做起，直到完成为止。倘若这件事没做完，那么你绝不可以碰其他的工作。然后你再用同样的方法做下面的各项工作。直到你下班为止。如果你做第一项工作就花费了一天的时间，那么也不必为此担忧，只要保证它确确实实是最重要的工作就可以了。我希望你能一直采取这样的方法来做事，只要你坚持下去，把它变成习惯，那么你会发现，你的工作效率得到了大大地提高。这个方法不但可以用于你自己，也有必要在你的公司推广，让你公司里的每个员工都这样做。"

两星期之后，这位效率专家收到了理查德寄来的一张 1 万美元的支票。这一报酬远远高于市场基本行情。原来，理查德严格执行了效率专家告诉他的这一做事原则，使他在两周时间里完成了平时一个月才能完成的工作。

同样的工作量，有没有分清轻重缓急所带来的结果却有着巨大的不同。可见，分清轻重缓急，先做最重要的事，对于提升效率无疑是具有非常显著作用的。

由此说来，在做事方式和做事习惯上，我们一定要让自己学会从大局着手，把事情按照轻重缓急罗列清晰，然后再付诸行动。这样，我们才能实现做事的高效率和高效益。

第二章

工作要有神气

心态决定状态，动力影响效力。在工作中，我们以什么样的姿态呈现，那么就会获得相应的结果。所以，我们要想取得工作业绩，就要带着十足的精气神投入到工作中去。

勇于承担，让问题止于"我"

身处职场，我们常会面临这样的情况：事情一大堆，即使列出了最周密的计划，也常常因为一些客观因素而无法顺利完成。这时候，就会听到一些抱怨之声：真是倒霉，为什么总是遇到这么多麻烦啊？这件事根本不在我负责的范围内，凭什么往我头上推？就算把这件事处理好了，能有我什么好处呢？

不难看出，上述种种想法实际上都在表明，有一部分员工是喜欢将自己置身于问题之外的，总想用推脱、依靠、拖延、等待等做法来让自己少担责任，少做事情。毋庸置疑，这样的员工不仅耽误了企业的发展，而且影响了自己的前途。

当然，我们还会看到这样一些人，当问题来临的时候，他们首先想到的是：

这件事该怎么办才是最有效的？我能为这件事做什么呢？不能给领导添麻烦，这件事要到我这里为止。

两相比较，显而易见的是，后者所具备的是一种对工作积极向上的侠义气概，是一个优秀员工所应具备的良好素养。也正是这样的员工，才更容易受到企业的欢迎，受到老板的喜爱和信赖。

杨海滨在某外企的市场部工作。有一次，公司要和一家跨国集团谈一笔业务，约谈的地点定在某旅游景点。杨海滨负责这次约谈的筹备工作。

双方按照约定时间准时到达，杨海滨负责接待了到访的客人，并把他们和自己公司的同事们安排到了同一家宾馆。

原本，杨海滨提前预订了五星级宾馆，可是因为正值旅游旺季，五星级宾馆的客人已经满了，只能住四星级的。无奈之下，杨海滨只好向客户再三道歉，客户也表示了理解。

但客户中有一对夫妻却表示不能接受四星级宾馆的待遇，他们一直是住五星级宾馆的。看到现在的局面，这夫妻俩很生气，而且还表示坚决不会住进去。

场面有点尴尬，不过杨海滨还是沉着而温和地再一次向他们解释原因。可是，最后嘴皮子都磨破了，人家就是不同意。

杨海滨深感无奈，他想打电话请示上司，可是又一想，上司距离这里很远，鞭长莫及，还是自己来想办法解决吧。

杨海滨温和地对那两位客人说："真的非常抱歉，不过我会尽量想办法，让二位住到五星级宾馆去的。麻烦你们先到咖啡馆休息一会儿，等待我的消息。好吗？"

两位客人见杨海滨很诚恳的样子，而且也答应为他们找五星级宾馆，这才消了气。杨海滨将他们安排到舒适、温馨的咖啡馆里，还给他们叫了两杯热咖啡。随后，他搜罗了当地很多家五星级宾馆的电话，一一打过去，最终通过他在当地工作的一个大学同学帮忙，终于在一家五星级宾馆找到一个空房间。不过酒店提出来一个条件，因为这是临时调配的房间，所以需要额外缴纳一些费用。

虽然如此，杨海滨丝毫没有犹豫就答应了下来。多出来的费用，他准备自己承担，于是从钱包里掏出信用卡付了费。

那对挑剔的夫妻最终很满意，高高兴兴地住了进去。随后，双方的谈判进行得很顺利，并签订了合作协议。

此次谈判结束之后，公司领导知道了杨海滨所做的这件事，对他大加赞扬，给他报销了多出来的费用。而且在市场部经理升任市场总监之后，让杨海滨填上了部门经理的空缺。

一次问题"止于我"的举动，让公司赢得了客户，也让杨海滨赢得了领导的信任。从中我们也可以看出，杨海滨之所以能够博得领导的好感，是因为他身上体现了一种优秀员工的仗义品质：勇于承担责任，问题止于自己。这样的员工不会在遇到问题时进行推诿，也不会先计较付出和回报再考虑是否行动，而是先让自己作为问题的"终结者"，时时刻刻以公司利益为重。

不过，我们同时也会看到，职场上除了像杨海滨这样的人之外，还不乏逃避问题、推卸责任的人。这些人不清楚，其实遇到问题甚至犯错误都不可怕，一个优秀的员工一定是敢于直面问题，勇于承担责任的人。

张强在一家民营企业做财物工作。月底的时候，他在做工资报表时出现了一个失误。因为他给一家请过几天假的员工定了全勤，忘了扣除该员工请假那几天的工资。

可是，张强发现这件事的时候已经晚了，工资都已经发放完毕了。无奈之下，他只好找到这名员工，告诉他下个月要把多给的钱扣除。但是这名员工说自己手头正紧，请求分期扣除。但这么做的话，张强就必须得请示领导。这也就意味着领导会知道张强犯的错，并且可能会因此而恼怒，甚至扣除他的奖金。

再三考虑之后，张强认为自己的错误必须自己承担，于是敲响了上司办公室的门，并承认了自己的错误。但上司说："这不是你的错，人事部门该承担责任。"张强说："不，工资是我定的，是我的错。"上司又说："不是，你们部门领导负全责。"张强又说："经理的事太多，这种事都是我一个人做的。"

听张强这么一说，上司很高兴地说："好样的，我这样说，就是看看你承认错误的决心有多大。好了，现在你去把这个问题按照你自己的想法解决掉吧。"

事情终于解决了。从那以后，上司非常器重张强。

在自己的失误面前，张强没有逃避，也没有推脱，而是勇于承担起了责任，让问题在自己这里得到最好的补救。毫无疑问，这是一种勇于承担的侠义气概，这样的做法，不但使原本错的事情得到了缓解，而且还让他得到了领导的赏识和信任。

其实，很多时候，如果在领导发现之前我们就承认了自己的错误，并把责备自己、忏悔改过的话说了出来，多数情况下，都是能够得到谅解的。相反，如果不敢直面自己的错误，而是隐藏，隐藏不了就找借口，那么很可能造成原本错的事情扩大化。

试想，如果张强隐瞒这件事，私下里解决掉，说不定哪一天事情会暴露，那时候他再想在领导那里获得信任就很难了。如果他为自己所犯的错误找借口，比如把责任推给人事部门或者其他人，那么事情就不会顺利地解决掉，领导也会觉得他做事不利，还总是推脱责任。这样的员工，是不会得到领导的信任和赏识的。不仅如此，领导甚至还会怀疑他在过去有没有犯过类似的错误并向自己隐瞒，将来是不是还会犯同样的错误，等等。如此一来，张强在该企业的职业生涯恐怕离走到尽头不远了。

做不可替代的那一个

竞争已经成为当今社会的主题，身处职场，每个人都面临严酷的竞争和考验，企业在员工淘汰上不再留情，员工的"阵亡率"不断攀高，更不要说升职加薪了。

但我们也会看到，有些人却能够平步青云，总是高官得做，骏马得骑。

为什么会有如此差距呢？深入观察一下不难发现，但凡步步高升者，大多有属于自己的专长，也就是我们通常所说的"核心竞争力"。在这些人身上，我们往往会看到满怀的豪情，这一股敢于担当的勇气，也是一种负责到底的坚持。他们笃信自己能把事情做好，而且会尽百分之百的努力去做。因为他们知道，当自己在某一领域、某一岗位能够做到独一无二、舍我其谁的程度，才是最具有竞争力的。

所谓不可替代的竞争力，就是指一个人所具备的不容易被竞争对手效仿的、独特的知识和技能。换言之，如果别人也有这种本领，并且比你高强，那么你所具备的这种本领就算不上核心竞争力。可以说，不断打造和强化核心竞争力，是职场人士取得"战绩"的撒手锏！

刚进入这家软件公司的时候，和其他资深员工相比，顾恺在技术方面是最差的。顾恺心想，如果自己在技术上与他们竞争，再过很多年也不过是个普通员工，能做到高级工程师也就顶天了。要想让自己脱颖而出，就必须避开和他们在技术上进行正面竞争，而是走差异化的竞争路线。

于是，他开始寻找这方面的机会。在开发一个新项目时，顾恺发现了程序设计过程中存在的一个小漏洞。他也注意到，已经有很多人发现了这个问题，甚至有不少人向领导提交了自己的书面解决方案。

顾恺心想，既然仅提交书面方案效果甚微，那么自己就应该发挥勤奋的特长，想办法解决这个漏洞。于是，他开始利用业余时间将程序的开发模式进行实验论证，最终得到了完全可行的结果。然后顾恺写了一份书面报告，不仅提出问题也解决了问题，而且将他自己编的程序也放在了报告中。

"顾恺，你不是第一个提出这个问题的人，也不是第一个带来解决方案的人，但你是唯一一个对解决方案找到论证办法的人。"当上司看到这份报告的时候，这样对顾凯说道。

由于领导层对顾恺的方案一致认可，于是顺理成章地，他就从一个名不见经传的普通工程师一跃成为了开发部门的经理。

不难想象，如果和别人一样，没有自己的"与众不同"之处，那么顾恺可能和那些提交方案的人一样，依然原地踏步。所以说，要想引起领导的注目，要想让自己升职加薪，走差异化路线，并充分发挥自己的才能才是王道。

业界专家将职场核心竞争力分成了三个方面：一是准确的职业定位，二是综合能力与资源，三是超强的执行力。其实，综合这三大要素打造的核心竞争力，目的就是增强个人的竞争优势，让自己成为不可替代的员工，从而成就职业生涯发展的"NO.1"。

任何一个职场人士，一旦具备了强大的不可替代的竞争力，不管面临何种职场危机，都不会因为职业机会的改变而发生重大的生存危机。

高中毕业后，由于家里条件不是很好，王亮就没再复读，而是找了一家超市做运送工。可以说王亮的工作是超市最基层的工作，而且也是最累的工作，这让一些同事很看不起他。也可以这样说，如果公司要辞掉一些人的话，王亮这样的是最先被辞掉的。然而，出人意料的是，不久后，王亮竟然成了老板眼中最有价值的员工，王亮是怎样做到的呢？

原来，是王亮的敬业精神帮了他。从进入超市的第一天起，他就表现得勤快又能干。每天干完自己的工作就已经很累了，但是他还是闲不下来，他经常告诉包装部门的经理说："我把货物搬完之后可以帮助你们包装，还能多了解一些你们部门的工作。"就这样，王亮经常把自己大把的时间花在帮助别人上面，有时候下班了，还在帮助别人工作。他还跟畜产部门经理说："我希望有空时来这里向你学习，了解你们包肉和保存的过程。"之后，他又分别到烘焙、安全、管理、清洁甚至信用部门帮忙。

几个月后，王亮几乎走遍了公司的整个部门，每个部门的工作他几乎都做过，部门经理经常感叹：如果没有王亮，他就会觉得少了左膀右臂似的。

显然，从王亮身上体现出来的正是一股敬业的侠骨豪情，他用自己勤恳的敬业态度让自己成为一个别人难以替代的员工。因为敬业意识深植于他的脑海里，所以他做起事来就会积极主动，并从中体会到快乐，从而获得了更多的经验和取得了更大的成就。

其实，不可替代不一定是员工的专项业务素质有多过硬，它也包括态度、能力等综合方面的强项。上面事例中的王亮就是这样。正如阿尔伯特·哈伯德所说："一个人即使没有一流的能力，但只要拥有敬业的精神同样会获得尊重。"

工作面前，让自己激情飞扬

或许在很多人看来，要想把工作做好，能够在事业上有所成就，只需要有一个聪明的脑瓜和一定的行动力就行了。但实际上，对于大部分成功者来说，聪明的脑瓜和一定的行动力并不是最重要的因素，更重要的是对于这份工作、这项事业永不枯竭的满满激情。

世界首富比尔·盖茨有句名言："每天早晨醒来，一想到所从事的工作和所开发的技术将会给人类生活带来巨大影响和变化，我就会无比兴奋和激动。"从这句话中，我们不难感受到盖茨对于工作的激情。在他看来，一个优秀的职场人士，最重要的素质是对工作的激情，而不是能力、责任或者其他因素。

应该说，对任何一个成功者来说，激情都是相当重要的。英国数学家威尔斯对于"费马大定理"就有着异乎寻常的激情。他曾描述过那种感觉：就是非常喜欢，非常激动。正是因为有了这份激情，才足以让他坚持这么多年而不放弃。

无独有偶，美国成功学大师拿破仑·希尔也有这种感觉，他认为激情是一种意识状态，能够鼓舞和激励一个人对手中的工作采取行动。他一般都是在晚上进行写作。有一天晚上，他工作了一整夜，因为太专注，所以感觉一整夜像一小时一样快，一眨眼就过去了。接着，他又继续工作了一天一夜，除了其间停下来吃点清淡食物外，未曾停下来休息。虽然我们并不提倡这种不顾一切的工作方式，但是我们却不能不敬佩他对于工作的热情。如果不是因为对工作充满激情，他不可能连续工作一天两夜而丝毫不觉得疲倦。

由此可见，激情并不是一个空洞的名词，它是一种重要的力量。

1832年，林肯遭遇了失业的打击。不过，他没有因此消沉，而是很快振作起来，并决定当政治家，当州议员。然而糟糕的是，他在竞选中名落孙山。

接下来，林肯又开始"转行"，开始创办企业。可是上天偏偏不眷顾这个屡屡倒霉的年轻人，他的企业不久便倒闭了。在这之后的几年中，林肯成了地地道道的债务人，整天为了偿还企业倒闭时所欠的债务而奔波。

不过，幸运之神还是不肯降临到这个经历诸多磨难的年轻人身上，反而继续给他上着一堂堂艰辛的"课程"。1835年，就在林肯距离结婚还差几个月的时候，他的未婚妻却不幸去世。此次这番打击无异于给本来就多灾多难的林肯雪上加霜，他变得心力交瘁，几个月内卧床不起。后来，在重重打击下，林肯成了一名神经衰弱症患者。

两年之后，林肯的身体状况恢复了，他又开始竞选议会议长。可是结果令他失望。5年后再一次竞选，他仍然没能成功。

虽然经历了这么多的失败和挫折，但是林肯并没有就此倒下。在一次又一次遭遇打击后，他都能在痛苦过后重新修正自己，然后怀着饱满的激情投入到下一次的战斗当中。

或许正是因为林肯的这份激情，让他一直有一颗执着的不断前进的心，也正是因此，机会终于出现在林肯的生命里。1846年，林肯又一次参加竞选国会议员，他当选了。

任期满两年后，林肯打算连任，不过这次他没能成功；1854年，林肯竞选参议员，也失败了；两年后他竞选美国副总统提名，结果被对手击败；又过了两年，他再一次竞选参议员，还是失败了。终于，在1860年，林肯经过不懈的努力，成功当选为美国总统。

看完林肯的经历，我们不禁唏嘘：这简直太不容易了！不过，从中我们也能够看出，林肯的心里始终有一种不服输、不放弃的激情和动力。正是在这股激情和动力的支撑下，林肯屡战屡败，屡败屡战，一直坚持不懈，奋斗到底。

其实，诸如林肯遇到过的遭遇你我都或多或少地遇到过。反观我们自身，又是怎样做的呢？实际上，如果我们也能够像林肯这样，抵抗住失败的打击和不幸的遭遇，那么我们的人生或许就会呈现另外一幅色彩。

不是有人这样说嘛：困难像弹簧，你强它就弱，你弱它就强。虽然话简单，但是道理却是很明显的。要想把困难变"弱"，把自己变强，那么激情的作用是不能低估的。

事实上，职场上的主动权，都是凭借自己平时的做事本领争取来的。当你把责任推脱、把矛盾上交的同时，也将自己的主动权放置一旁了。这样一来，就会"惯坏"你的领导，也会让你自己觉得工作就是无趣的傀儡生活。这样的工作状态又有什么激情可言呢？

李铮是一名机车修理工，从进入公司工作的第一天起，就开始无休无止地抱怨："这活儿太脏了……唉，全是油污……凭我的本事，哼，大材小用了简直……这工作真是没前途……"

一天到晚，李铮只会不切实际地空想和无休无止地抱怨，对于自己的工作毫无热情。就这样，在这种没有工作热情的情况下，他偷懒磨蹭，消极怠工，应付了事。

日子一天天过去了，当其他和他当初在同一起跑线上的同事凭着辛勤的努力和工作的激情，一个个平步青云、加薪升职的时候，他却还是那个躲在角落里只会埋怨的小修理工呢！

像李铮这样不认真对待工作，只会给工作"冷脸"的人，势必不会取得理想的工作业绩，也难以实现自己心中的梦想。

古往今来，古今中外，没有一个成功者是不爱自己所从事的工作的。他们带着激情投入到工作之中，工作的状态就像恋爱的状态一般，精神饱满，激情澎湃。而这，也正是他们能够从工作中感受到快乐和幸福的重要秘诀。总之，激情是生活和做事的灵魂。只有带着激情去工作，才能使平凡的工作焕发光彩，才能让平凡的人生充满无限乐趣。

老板只爱功劳不爱苦劳

我们常听到这样一句安慰人的俗语，没有功劳还有苦劳呢！这句话其实是带着较强的主观色彩的，也是比较注重"人情味"的。但是，若用到现代职场上，却并不妥当。因为任何一家企业所需要的都是能够解决问题、勤奋工作的员工，而不是那些"老黄牛"一样虽勤勤恳恳却做不出什么业绩的员工。在这个凭实力说话的年代中，讲究能者上庸者下，没有哪个老板愿意拿钱去养一些无用的闲人。

简单来说，就是只有你为公司创造了财富，公司才会给你相应的财富。对于任何一个公司来说，你的重要程度不是由你的价值来决定，而是由你的使用价值来决定的。

作为员工，一定要具备这方面的认识和气度，让自己的劲儿使对地方。只有这样，才能让自己在工作中懂得"牵牛鼻子"，实现业绩和利益的最大化。

时至今日，著名的家电生产企业海尔的创业元老都一直保持着创业时的激情。关于这一问题，有媒体记者曾经采访其董事局主席张瑞敏时提问过，张瑞敏是这样回答的："我认为，对待元老还是要看其是否对企业作出了贡献，如果你因为照顾他，导致企业没有饭吃了，那么这种照顾就是对所有员工的不照顾。无论是元老还是年轻人，你到底怎么样做才算真正的照顾呢？我认为不是表现在小恩小惠上，而是让他自己具有竞争力。"

对此，海尔公司还订立了"三不"主义，即不讲过去，不讲关系，不讲学历和资历。具体来讲，"三不"包括以下几点内容：不讲过去，不论过去为企业发展作出过多大贡献，包括企业功臣，只要不能胜任今天的工作，绝无客观原因和情面可讲，"昨天的奖状，今天的废纸"，永远只能从零开始。不讲关系，个人收入和升迁只与效益相联系，与个人出身和社会关系无关，一律用一把尺子——效益来衡量。不讲学历和资历，只看业绩，以绩效论英雄，真正做到"能者上、平者让、庸者下"。

对于海尔的做法，或许你认为有些残酷。但是深层次挖掘，我们会看到，这样的用人机制实际上是最大的仁慈。否则，为了迁就某个人或者某几个人，将整个企业给毁掉，哪个更残酷恐怕不言自明了吧！

其实，如海尔一样，那些一直在世界领跑的标杆型企业，奉行的选人、用人、留人和育人的标准，在本质上都是：功劳胜于苦劳，业绩胜于资历。对于这一观点，一手把微软带上顶尖位置的比尔·盖茨也非常支持。微软的用人原则就是"能者上，浑水摸鱼者走人"。

正是在这种魄力与背景下，微软一直采取的是"处处以成败论英雄"的方式来选择和淘汰员工。也可以说，它是一个完全以成功为导向的公司。

为了让员工保持强有力的竞争力，也为了让企业保持绝对的竞争力，微软还采取了定期淘汰的严酷制度，即每年会对员工进行一次考评，其中业绩最差的5%的员工会被淘汰掉。可以说，微软是不以论资排辈的方式来决定员工的职位及薪水的，每一名员工的升迁都取决于其自身的功劳大小。这正是不要苦劳要功劳的典型写照。接下来，我们再看一个相关的案例。

古罗马皇帝哈德良的手下，有一位跟随自己常年征战的将军。一天，这位将军觉得自己该获得提升，就找到哈德良说："我应该升到更重要的领导岗位，因为我的经验丰富，参加过10次重要战役。"

哈德良可是一个有着高明的判断能力的人，在他看来，这位将军距离升任更高的职务还有很大距离。于是，他随意指着拴在周围的驴子说："亲爱的将军，好好看看这些驴子，它们至少参加过20次战役，可它们仍然是驴子。"

哈罗德用一个比较形象的比喻告诉了那位将军，只有苦劳没有功劳是不能获得提升的，一个人的价值主要体现在功劳而不是苦劳上。经验与资历固然重要，但是这并不能够作为能力的衡量标准。我们看到，有些人会自诩 10 年业界经验，其实不过是 1 年的经验重复了 10 次罢了。十年如一日地重复同样的工作，虽然算得上很熟练，但是可怕的是这种重复依然阻碍了其精神的成长，真正的创造力也逐渐丧失了。

著名企业战略专家姜汝祥在《请给我结果》一书中，强调了"完成任务不等于结果"这样一个理念：对结果负责，是对我们工作的价值负责；而对任务负责，则是对工作的程序负责，完成任务不等于结果！其实，这也是建立在看中功劳而绝非苦劳的原则之上的。

所以，我们的心怀不要只停留在勤勤恳恳、熟练地做某一件事就可以的程度上，而应该把眼界放宽，把胸怀放大，只有这样，才能让自己不断成长，不断创造，不断地具备解决问题的能力。

增强执行力，做行动的巨人

有些人嘴上说得天花乱坠，但不过是过过嘴瘾罢了，说完之后就把美好的理想和宏伟的蓝图抛到九霄云外了，而不是付诸行动，努力去执行到底。

用一句通俗的话说，这样的人就是"言语的巨人，行动的矮子"。这样的人能够成功才怪呢！所以，要想让自己有所成就，就一定要杜绝这种现象在自己身上发生，而应该让自己充满豪情壮志的同时，还要增强执行力，将计划付诸行动，做行动的巨人。

有一家民营小企业，因为经营不善，已濒临倒闭。在走投无路、无计可施的情况下，老板不得不请来一位德国的管理专家，希望专家能改善企业的经营管理体系，拯救处于危机中的企业。

当这位德国的专家考察完公司的整体情况之后，公司的员工们都以为他会针对公司的情况制定出一套全新的管理方法。然而，就在大家期盼公司能够因为专家的推陈出新而起死回生、重燃生机时，专家却宣布了一个令大家都很纳闷的消息。他不但没有制定什么新制度，反而要求公司上下按以前一样运作，人员、设备、制度等都原封不动。专家作出的唯一一个变动就是要求公司员工增强执行力，坚定不移地、不折不扣地贯彻落实公司的一切制度。

一开始，公司老板对专家的提议能够带来的效果半信半疑，但是结果却让老板惊喜万分，专家这个"绝招"使濒临破产的企业在一年内扭亏为盈，转败为胜。

通过这个事例，我们可以看到，即使再完美无缺的经营管理制度，如果没有有效地贯彻执行，那么到头来也只能是"纸上谈兵"。

因此说来，成功有时需要的并不是什么新方法，也不是什么出奇制胜，而只是需要我们增强自身的执行力，把所有计划、设想或者制度认真地贯彻执行下去。

孙子是春秋时期著名的军事家。有一天，吴王想考一下孙子，便问孙子道："无论什么人，你都能把他们训练成一支优秀的军队吗？"

孙子听后，毫不犹豫地回答道："没问题！"

吴王听后，便指着门前的一堆宫女说："照你这么说，你也能把这群宫女训练成军队？"

孙子胸有成竹地笑道："只要您能给我这个权力，我就能够做到。"

"好，我赋予你这个权力，但是只给你三个时辰。"吴王向孙子承诺。

在训练场上，这些从来没受过军事训练的宫女一点都不懂规矩，闹作一团，没有一个人把这次训练当回事，更没有人去认真对待。吴王看到这种混乱的场面后，觉得很有趣，于是便把他的两个宠妃也叫了过来，并让她们担任两队宫女的队长。

训练开始了，孙子大声说道："停止喧哗，大家排成左右两队。"

宫女们显然不把这个"教官"放在眼里，她们装作没听见，继续在原地你推我搡。

见到这一混乱的场景，孙子并没有恼怒，他继续说道："这是第一次，你们不明白纪律和命令，是我的过错，现在我第二次要求你们列队。"

然而，宫女们还是没有反应，依旧在原地打闹。这时，孙子又重复道："第二次还是不明白，也许还是我的问题，现在我第三次要求你们列队，左右各列一队。"

第三次说完后，宫女们依旧没有照做，孙子的脸沉了下来，他严肃地说道："第一次大家没听明白，是我的错误；第二次，还是我的错；但是，第三次没听明白就是你们的问题。来人，把那两个队长带到一边，立刻斩首。"

因为手握军权，孙子的命令大如山，就算是吴王的宠妃，也不能幸免。

看到孙子是来真的后，所有的宫女都肃然而立，不敢再怠慢。不到三个时辰，由宫女组成的军队便被训练得服服帖帖。

这个事例从侧面告诉我们，态度决定了人的执行力度，而成功则必然来自于高效的执行力。

这里所说的高效执行力，并不在于工作经验或者学识深浅，而是依靠每个人对制度、措施一丝不苟地贯彻落实，归根结底是个人的执行态度问题，这决定了执行力的高低和执行效果的好坏。

总之，不管是多么正确的决策、多么严谨的计划、多么伟大的梦想、多么宏伟的蓝图，如果没有严格高效的执行力做支撑的话，最终的结果都会和我们的预期相去甚远，甚至南辕北辙。一个企业没有执行力就没有竞争力，一个员工没有执行力就会被企业淘汰。可见，在强烈的奋斗豪情支撑下的执行力，是企业和员工走向成功的关键要素。

把学习当成习惯，经常给自己加加油

"活到老，学到老"是人人耳熟能详的一句俗话，这句话用在现代职场人身上再合适不过了。这句话也充分体现了一个人对于知识的渴求，对于不断提升自我的胸襟和气度。

事实上，现在社会发展突飞猛进，知识更新非常迅速，而学习则成了提升我们知识和能力的最重要的方式之一。当我们觉得自己无法胜任工作时，通过不断地学习就能做到，做个为公司解决问题的专家其实并不难，难的是，是否能够对自己永远不满足，永远保持好学好问的动力。只有我们保持这股动力，不断给自己充电，汲取能量，才能在职场上活力四射。

或许一听说学习，有些人会想到上学时在书山题海中遨游，没完没了地拼命读书。虽然这也是一种学习，但是却属于被动的学习，也是应试教育体制下不得已而为之的学习状态。当我们进入社会、踏入职场之后，这时候的学习范围已经远远超过了书本，学习的概念也不仅仅是理论知识，方式也不是简单的背书、看书，目的更不是为了考试和文凭。

因此，我们要具备这样的情怀：学习的目的是为了发挥知识的能量，在它的助力下，让我们的劳动更大化地转变为业绩和财富。

在进入这家上市公司之前，李海涛在销售领域的经验几乎为零。一个偶然的机会，他成了现在这家企业的销售员。

由于毫无经验，一开始接触客户，李海涛就出状况了，他紧张得双手哆嗦、额头直冒汗，而且说话结结巴巴，没有任何条理，对客户的问题更是一问三不知。当时和他一起共事的同事们都开始嘲笑他说："这样一个没文化的农村人能卖出产品，见鬼去吧！"

面对别人的冷嘲热讽，李海涛没有妄自菲薄，而是毅然选择了坚持。他相信，自己终有一天会做得很出色的。至于怎么让自己提高，李海涛想到了学习这个渠道。他暗下决心，就算是硬着头皮，自己也要从零开始，一点点学习，做一个合格的销售员。

通过阅读一些在业界很被认可的销售方面的书籍，李海涛学到了一些知识，掌握了一些销售的门道。他迈出的第一步，就是"看着客人的眼睛"介绍产品。在和顾客的交谈中，李海涛总是努力让自己把话说得简洁、流畅，同时他不放过每一个可以向别人学习的机会。另外，每当同事在和客户交谈的时候，他都在一旁静静地听着，学习他们的销售技巧。

就这样，通过不断地学习和实践，李海涛的业务能力得到了迅速提升。后来，李海涛所在的公司被竞争对手给挖了墙脚，有一批业务精英离开了，但是他却没有舍弃公司，依然效忠于这个自己从零开始做起的"东家"。两年后，李海涛在该公司的销售队伍中脱颖而出，成了公司的顶梁柱。在年中员工测评活动中，李海涛当之无愧地成为了该公司唯一一名"金牌员工"。

李海涛之所以能够取得人人羡慕的成就，就是因为他能够清醒地认识到自己的不足，并愿意付出自己大量的时间和精力去学习，不仅"旁听"同事和客户的谈话，而且还自发买书苦读，这正是李海涛身上所具备的那种学习的劲头作用下的结果。

其实，每一个职场中人，都应该具备李海涛这样的学习劲头。因为只有这样，我们才能让自己的职业生涯走得更稳、更好。如果说 19 世纪的文盲是不识字的人，20 世纪的文盲是不会使用计算机的人，那么 21 世纪的新文盲则是不懂再进修、再学习道理的人。

　　所以，作为职场中的团队成员以及独立个体，我们应该具有一种不断学习、不断进步的豪情，努力在自身职业生涯的规划下，不断地提高自己的学习能力。只有这样，才会让自己有所进步，有所发展，才会赢得更好的未来。

第三章

团队要有士气

一个人奋斗总是单枪匹马，一朵鲜花打扮不出美丽的春天。任何人都不能靠自己的力量取得优良的成绩，而是要依靠团队的士气才能所向披靡。

集体主义精神永远是可贵的

每个人都是一个单独的个体，但相对来说也是整体的一部分，不可能脱离社会而独立生存。海明威就曾在他的名著《丧钟为谁而鸣》中引用了英国诗人约翰·唐恩的话作为题记："谁都不是一座岛屿，自成一体，每个人都是那广袤大陆的一部分。如果海浪冲刷掉一个土块，欧洲就少了一点，你自己或你朋友的庄园也少了一点。任何人的死亡都使我受到损失，因为我包含在人类之中，所以不要去问丧钟为谁而鸣，它为你，也为我。"

这种集体主义在某种时刻代表了一种理想，更代表了一种高于灵魂的精神，无私的自我奉献和自我牺牲精神，而这也是一股侠义之气。在它的作用下，我们的心中会有一种集体的荣誉感和使命感。只是，在和平时期可能这种集体的使命感很少会被激发出来。但是并不表示我们的集体主义精神因此而退却和消失，这种集体主义精神只是以另一种形式表现出来。战争年代，这种集体主义精神体现在战场上，而今天，这种集体主义精神更多地表现在职场上。

无疑，这是一个追求实现个人价值的时代，一个追求实现个人价值与团队绩效双赢的时代。一个人单打独斗的时代已经远去，团队合作的时代已然到来。身为集体中的一员，是否具有团队精神和合作意识，是每一个团队对其人员最基本的要求。集体主义精神在任何时候都是难能可贵的。一个人没有团队精神将难成大事；一个企业如果没有团队精神将成为一盘散沙；一个民族如果没有团队精神也将难以强大。个人的力量总是有限的，所以要想走得更远，只能大家绑在一起，发挥更大的作用，创造更大的力量，只有群策群力才能实现最大价值，才有能力面对和解决前行中所遇到的任何问题。

在一个多世纪以前，人们一直认为，要修建一条从太平洋沿岸到安第斯山脉的铁路是不可能的。但是，一位名叫欧内斯特·马林诺斯基的波兰工程师提出了建议：先从秘鲁海岸卡亚俄修一条到海拔15000英尺高的内陆铁路。如果成功了，那么这会是世界上海拔最高的铁路。

由于安第斯山脉险情重重，本来其海拔高度已使修筑工作十分困难，再加上严酷的环境，冰河与潜在的火山活动，更加让修建工作困难重重。在修建的过程中，经常是在一小段距离内，山脉就从海平面一下子上升到一万英尺的高度。如此险峻的一个山脉，要在这里修建铁路，就需要建造很多的"之"字形和"z"字形线路和桥梁，开凿许多隧道。这一工作的艰难复杂简直令人难以想象。

然而，在这个看似不可能完成的现实面前，马林诺斯基却和他的团队取得了最终的胜利。整个工程大约有100座隧道和桥梁，甚至其中的一些隧道和桥梁都可以堪称建筑工程上的典范之作。

对于这一创举，几乎所有的人都很难想象，在如此起伏巨大的山地中，马林诺斯基竟然能带领他的团队靠那些较为原始的工具完成这项工程。这实在是一个奇迹!

工程竣工之后，有记者采访马林诺斯基，问他在这个过程中经历了怎样的困难，是什么信念支撑着他走到最后并取得成功的。马林诺斯基说："我只做了两件事，第一就是我一直知道我要做的是什么，我从没有放弃过；第二就是我要感谢我的队友，是他们紧紧地团结在一起，我们才获得了成功，圆满完成了任务。无论修建过程中发生了什么，我和我的团队从来都没有放弃过。"

马林诺斯基和他的团队坚持世界上没有不可能的事，他们之所以成功，不仅因为他们发扬了以一当十的拼搏精神，坚持不懈地去努力，还在于他们以十当一的团队精神为成功提供了强有力的保障。

其实，不管是一个国家，还是一个民族，抑或一个集体，一个个人，要想前进，都是离不开精神力量的支撑的。一般在和平时期，国家会在适当的时候以某种方式去激发国民的爱国热情。一个前进的国家，总有一种奋发向上的精神。一个发展的民族，总有一种积极进取的意志。同样地，公司作为一个集体，也需要一种内在的精神去引领员工前进。

每一个企业、每一个团队都应该对自己的员工进行集体荣誉感的教育，激发起员工的向心力，这样才会树立公司特有的企业文化和企业精神，从而调动员工的工作情绪和动力，为企业创造更多的财富。每一个员工也都应该唤起对自己所在团队的集体荣誉感。如果一个员工对自己的工作有足够的荣誉感，对自己的集体引以为傲，引以为荣，那么必定会焕发出他极大的工作热情。

这种热情是发自内心的一种坚定、豪迈的侠义气概，是一种高度的主人翁意识和责任感。事实上也往往正是如此，我们会看到，只有那些有集体荣誉感的员工才爱岗敬业，努力进取，才有机会被真正地委以重任。只有那些具有集体荣誉感的人，才会在团队中受到更多的欢迎和尊重。

团队就是家，不做职场"独行侠"

随着时代的发展和科技的进步，现代职场的分工越来越细。相应地，人与人之间的合作也变得更为紧密。这样一来，不管是哪个行业，哪家企业，也不管是哪个集体，哪个团队，都需要员工有强烈的团队精神。只有这样，才能让团队成员展开互助合作，用最大的力量达成既定的目标。就像多年前的一首歌中所唱的那样："一根筷子呀轻轻被折断，十双筷子牢牢抱成团；一个巴掌呀拍也拍不响，万人鼓掌哟声呀声震天。"

这正是告诉人们众人拾柴火焰高的道理，而这一道理同样适用于如今的职场。一个人即使再厉害，也很难应付所有的工作和问题，只有与整个团队协同合作，才能众人拾柴火焰高，完成一个又一个任务。所以，作为现代社会的一分子，我们必须让自己拥有很好的团队意识，有强烈的集体荣誉感，把团队看作一个"家"，绝不做孤芳自赏、桀骜不驯的"独行侠"。

蜚声内外的某汽车公司，曾经设置在新泽西州的一家分厂，多年来一直有着非常客观的效益。但是或许很少有人知道，这家分厂曾经一度濒临倒闭的边缘。

为了了解详细情况，总公司派出了一位综合能力很强的工作人员前来调查，这位工作人员到来之后的第三天，就找到了问题的症结所在。原来，偌大的厂房里，一道道流水线就像一层层屏障，隔断了员工们交流的空间和通道。机器的轰鸣噪声，更直接给员工们传递工作信息的热情造成了巨大影响。因为效益欠佳，火烧眉毛的厂长只会一个劲儿地催促员工们提高生产力，而忽视了给员工们提供沟通工作经验和交流感情的机会。

正是这个看上去不起眼的小问题，让同事们之间失去了谈心、交流的机会，有了情绪也没地方排解，工作起来热情自然就消退了。在此影响下，这种冷漠的人际关系更是糟糕透顶。由于彼此之间是"陌生人"，所以员工之间的矛盾与日俱增，很多人抱着过一天算一天的消极态度，组织内部一片混乱。

这位工作人员察觉到这一根本原因之后，果断下决策：往后由公司负担员工的午餐费，希望所有人都能留下来聚餐，共渡难关。

员工们心想，工厂可能已到了生死存亡关头，需要最后一搏了，所以全都心甘情愿地准备大干一番。其实这个决定的真正目的是给员工们一个互相沟通了解的机会，以改善工厂的人际关系。此外，每天中午，在食堂的一角，经理还亲自架了个烤肉架，为每位员工免费烤肉。这种做法持续了不到3天，一切果然变得不一样了。通过共进午餐，大家有了谈论组织未来走向的机会，纷纷出谋划策，商讨最佳解决方案。

一段时间之后，情景发生了转变。虽然厂房里依然有机器的噪声，但已经阻挡不了大家内心深处互动的神经了。两个月后，工厂业绩出现回转。半年过后，工厂起死回生，开始赢利了。至今，许多年过去了，这家工厂依然保持着"午餐大家聚一堂，经理亲自送烤肉"的良好传统。

一个"共进午餐"的计划，让员工们原本被工作空间"隔离"开的心又聚拢到了一起。由此我们也不难看出，只有整个团队心往一处想，劲儿往一处使，才能拧成一股绳，促进整个团队的凝聚力和向心力。

不可否认，现在无论是市场竞争还是职场竞争，合作共赢已是大家的共识，也成为竞争主体的主流关系。单枪匹马，互相残杀，两败俱伤的竞争模式已被时代所抛弃，靠踩压别人来突出自己的恶性竞争更是愚蠢。可以说，"大家好才是真的好"这句通俗的大白话，说得也并非是单纯的大道理，而是因为这种做法最终的结果是让团队中的每个个体受益，这些个体中，当然也包括自己。

还记得《老鼠偷油》的故事吗？虽然故事老套，但是道理却值得我们深思。

在此，我们再来回顾一下这个故事。

有3只老鼠一起去偷油喝，但油缸太深了，而且只有缸底有一点油。老鼠们只能闻到油的香味，却无法喝到缸底的油。于是，老鼠们焦急万分，恨不得马上跳进去喝个痛快。

可是，那样做就爬不上来了，所以它们决定想想别的办法。最终，它们终于想出一条妙计——一只老鼠咬着另一只老鼠的尾巴，吊下缸底去喝油。它们达成了共识：大家轮流喝，有福同享，谁都不可以存有独享的想法。

商量好之后，它们开始实施了。首先是第一只老鼠吊下去喝油。到了缸底，这只老鼠便想："油只有这么一点点，我们3个轮流喝一点都不过瘾，今天我的运气真不错，干脆喝个痛快好了。"这时候，第二只老鼠也在心里琢磨："油缸里没多少油，万一让第一只老鼠都给喝了，那我岂不是白费力气？我可不能让它独自享受，还是把它放了，自己跳下去喝个痛快吧！"

无独有偶，第三只老鼠也没闲着，它也在想："那么一点油，要是等它们俩都喝饱了，哪里还有我的分儿啊，我还不如把它们都放了，自己跳到缸里饱喝一顿。"

就这样，第二只老鼠松开了第一只老鼠的尾巴，第三只老鼠松开了第二只老鼠的尾巴，它们俩争先恐后地跳到缸底。只是，3只老鼠都被缸底的油给浸泡了，浑身上下狼狈不堪。再加上缸深脚滑，它们再也没能爬出油缸，全在里头憋死了。

从这个古老的故事中我们不难看出，缺乏团队合作的侠气，只顾自己眼前的利益，最终势必失去生存和发展的机会。

所以，作为打拼于现代职场的我们，一定要让自己具有一种合作共赢的侠义气度。要知道，一人为人，二人为从，三人为众，众人拾柴火焰高。看看本节内容中提到的这两个案例，我们很容易理解，束缚我们的并不是外界的客观因素，而是我们自己那颗不肯与人方便、不肯与人共同合作的心。

各司其职，扮演好自己的角色

我国民间有句俗语是这样说的："十个手指不一般齐。"一个团队中的每个人也是一样，各自有各自的独特性格、个性和特点。因此，无论是指挥战争，还是进行管理工作，对于团队成员都不可一概而论，而应该根据每个人的特点，选择有分别的对待。

这体现的是一种人文情怀，也是一种协作智慧。只有这样，才能发挥每个团队成员的优势，从而增强整个团队的战斗力。

当然，要把握好每一个人的角色内容，并不是一件容易的事。这需要团队领导及团队成员之间不断地摸索和反思，不断地尝试和磨合，才能使每个人渐渐地找到自己的定位，承担起个人的职责，发挥出个人的效用。

既然如此，这就需要根据每个人的优势和劣势，对每个人的职责进行明确划分，让每个人各司其职，扮演好自己的角色，从而使整个团队高效运转。

有一群乌龟，共同生活在一条清澈的小河里。这些乌龟每天过着无拘无束的生活，快乐得不得了。可是，不幸却在某一个午后忽然降临了。一只超级大鱼网把它们都给罩了进去。

乌龟们开始焦虑万分，不知道如何才能逃脱出去，很多小乌龟干脆就抱着等死的心态，坐以待毙了。

其中，有一只年长的乌龟没有"认命"，而是小心翼翼地探出头来，看看有没有逃生的希望。老乌龟发现所有的伙伴都被关到一个瓦罐当中，他伸出手去，轻轻推了推其他的小乌龟。

小乌龟们感觉到了老乌龟的推动，便陆续伸出小脑袋来。它们发现原来自己被装进了瓦罐里，于是都不顾一切地竖起身体，手脚并用，试图爬到瓦罐外面去。

可是，事情远没有它们想得那么简单。瓦罐太光滑了，它们爬不了几步就出溜下来。

在这些乌龟中，只有那只老乌龟安安静静地待着，没有爬一下。因为它知道，这样做无济于事。不过，它并没有放弃，而是努力地想对策，终于想出来一个好主意。接着，它冲小乌龟们说了一句："要想从这个鬼地方出去，就不要蛮干，全听我的指挥。"

听了老乌龟的话，小乌龟们都一动不动，做好了听从吩咐的准备。只听老乌龟说道："你们看过人类盖房子吗？我们不妨跟着学一学，一只乌龟爬到另一只乌龟的背上，依次类推，这样我们才会有爬出去的希望。"

小乌龟们一听，觉得这个主意很不错，于是纷纷表示赞成。只是，谁都不愿意趴在最底下。这时候，只见老乌龟把身体一蹲，对身旁的小乌龟说："来吧，踩着我上去！"

一只小乌龟踩了上去，其他的小乌龟也依次一个踩一个地踩了上去。这个办法果然奏效，很快，乌龟们就都有条不紊地陆续爬出了瓦罐。只是，到最后，只剩下老乌龟和另一只小乌龟还没爬出来。

见此情景，大家都很着急，一时找不到解决的办法。只听老乌龟喊道："大家一起用力，把这个鬼东西推倒，我们就有救了。"

于是，小乌龟们联合行动，一起将瓦罐推倒，老乌龟和小乌龟也都爬了出来。

看完这个有趣的故事，我们能够感受到，老乌龟在危难时刻，带领伙伴们一起逃出了险境。它的做法不但体现出了甘愿做别人"垫脚石"的魄力，而且也让我们看到，它善于寻找处理问题的方法，拥有合理分配工作角色的能力和智慧。

其实，任何一个团结合作的团队，都需要发掘每个人的作用，作为领导要做好带头作用，作为员工要做好配合、服从的思想准备。只有这样，才能最大程度地保证整个团队的利益。团队利益有了保障，个人利益才会得到保障。难道不是吗?

岳民是一位战绩显赫的团长，在他手下有三位连级军官。这三个军官性格各异，一连连长是忠诚型的，始终把"服从命令为军人第一天职"作为人生信条；二连连长是一个典型的实干派人物，凡事都要亲力亲为；三连连长属于个性很强的那种类型，喜欢跟人唱对台戏，喜欢标新立异，凸显自我。

虽然是三个性格各异的连长，但岳民团长却把他们管理得很是得当。究其原因，就是他能够根据每个人的不同个性，采用不同的下达命令的方法。

举个例子。有一次，团部接到上级攻击敌人炮兵阵地的命令，于是团长开始布置工作。

岳团长叫来一连连长，斩钉截铁地说道："今天晚上 10 点整，你从左翼出击，猛烈进攻敌军炮兵阵地。"

随后，叫来了二连连长，岳团长说道："上级已经下达进攻敌军炮兵阵地命令，我要求你的连队立即做好准备，在今天夜里 10 点整准备发动总攻。"

最后，是对三连连长下达命令，岳团长说道："想就进攻敌军炮兵阵地的计划，和你商量一下，我私下里认为我们兵力还没完全恢复，时机还不够成熟，采取计划的话恐怕会失利。"

听完团长的话，三连连长立马胸有成竹地说道："不，团长，我们应该马上出击！我们不能坐失良机，否则敌军势力强大起来后，我们就失去进攻的机会了。"

三连长的回答正如团长所料，于是，他接着用肯定的语气说道："没错，你说得对，我们确实应该主动出击！"

三连长一听团长都赞同自己的看法，别提有多开心了，立马兴奋地说道："太好了，我们一定会让我军的旗帜在敌军阵地飘扬的。"

最后，在三个连队协调作战下，敌军炮兵阵地被一举攻克，取得了战争的胜利。

故事中的岳团长可谓是领导有方之人。面对三个不同性格的下属，他能够采取三种不同的方式，让三个人都能欣然接受任务并英勇参战。这一点，也同样值得现代职场上的管理者们学习。

事实上，就像天地间没有两片相同的树叶，每个人的个性也会各有不同。当我们追逐卓越的能力和优秀的成绩时，我们却不能因为这个目标而忽略现实的情况。只有将二者有效结合，才能真正发挥出自己的实力，获取最有利的战果。

始终把"和谐"看作团队的主旋律

常听人们说"一个好汉三个帮"这句俗语，我们自己也认同"在家靠父母，出门靠朋友"、"朋友多了路好走，多个朋友多条路"的处世原则。这一处世原则体现着一种有点"江湖味道"的侠气，也是我们能够安身立命、取得理想成就必不可少的要素。

然而，这种处世原则在现代白领职场中却似乎"行不通"了。据一家调查机构曾做过的调查显示：在某一线城市的女性白领中，有近半数人承认自己在职场上没有真正的朋友，而且他们也不想和同事成为朋友。在这些人看来，职场如战场，同事就是竞争对手，跟同事做朋友，无异于给自己埋下了一颗定时炸弹，因为同事了解自己的缺点，甚至还握有自己的"把柄"，说不定什么时候就被"揭发"出来了。

事实上，这些人或许忘了，虽说职场只是我们讨生活的地方，不包我们幸福快乐，同事也不是我们的终身伴侣，没有讨我们欢心的义务。但是毕竟一天醒着的时候有大半时间是在工作，如果周围全是冷若冰霜的同事，那么我们的心理是不是也不会好受呢？更何况，这种局面必然造成彼此之间疏远，无法展开良好的合作，到头来各自的业绩也必然受到影响。

毋庸置疑，在如今这个倡导团队合作的时代，不管企业的制度多么完善，也离不开同事之间的配合。可以说，只有拥有和睦的工作环境，同事间亲和融洽，上下一心，才能促成业务的成功。因此说，要想赢得人心，要想让自己混得像模像样，那么就不能忽视和同事们之间的关系，要努力创造一种以"和谐"为主旋律的团队状态和团队精神。

某知名企业就是一个十分讲求团队和谐的公司。一直以来，该公司在员工的任用方面非常严格，其中有一点必不可少，那就是一定要具备和谐精神，能够将自己融入团队，和团队协同作战。

在公司领导看来，即使把众多高智商的人聚拢到一起，却未必就一定能让工作进展顺利，只有大家分工合作、精于搭配、齐心协力，才能产生辉煌的战绩。所以，在用人方面，该公司对于员工之间的相互配合是非常重视的。同时，公司管理层也认为，只有这样才能发挥每个人的聪明才智。可是，进一步分析之后，每个人都有长处和短处，所以要取长补短，就要在分工合作时，考虑个人的优缺点，切磋鼓励，同心协力地谋求工作的良好进展。

不可否认，人事协调说起来容易，但做起来难。针对这一点，该公司领导层认为，如果把几个一流的人才集中到一起，那么每个人都会觉得自己的主张好，想法对，这样就会有多种意见，计划必将无法推动，行动自然也就会迟缓，势必严重影响到整体的工作。所以说，没必要每个职位都要选择精明能干的人来担任。不过，如果几个人里头有一个特别优秀的，其他的人才识平凡，那么这些人就会心悦诚服地遵从那一位有才智的管理者，事情也就能够顺利进行了。

所以，对于招聘进公司的每一个员工，除了要看其能力之外，更要看其是否具有良好的团队合作精神。也正是因此，该公司如今取得了令人刮目相看的巨大成就。

通过这个案例我们可以看出，作为一个企业，一个团队，要想构建和谐的关系，提高工作效率，并不是一个团队整体的事，因为团队是由一个一个的人组成，要提高整个团队的合作精神，就要从让员工个人具有和谐精神做起。

那么，具体怎么来增强我们的和谐精神呢？职场专家为我们总结了下面一些方式方法，不妨来参考一下。

1. 多用耳朵少用嘴，也就是少说多做。要知道，言多必失，尤其是人多的场合，没有想好的话更不要随便说出口。

2. 嘴巴要甜，多给别人喝彩和赞美。因为好的夸奖会让人产生愉悦感，不过也不要过头，那样会让人觉得虚伪，容易引起别人的反感。

3. 看待那些对自己好的同事，要怀有感恩的心，千万不要把人家的好视为理所当然。

4. 出现了任何情况或问题，首先想想是不是自己做错了。即使找不到自己错误的地方，也要站在对方的角度，体验一下对方的感觉。

5. 工作中，要尽量做到对事不对人。或者说，对事可以无情，但对人要有情。

6. 对于自己和别人的约定，一定要遵守。不过，不要轻易许诺，同时还应注意，不要把别人对你的承诺信以为真，因为那有可能是"忽悠"人的。

7. 把公司的元老当领导来看，因为资历非常重要。不要和他们耍心眼斗法，否则你不会有好果子吃的。

8. 切忌背后议论他人，比如在一个同事的后面说另一个同事的坏话，是犯职场大忌的。相反，要坚持在背后说别人好话，别担心这好话传不到当事人耳朵里。如果有同事对自己说第三方的坏话，我们保持微笑，不做任何评论就是了。

9. 如果我们身为一名团队领导者，当总结工作时，我们要把错误往自己身上揽，而把功劳都让给大家。另外要记住，当上司和下属同时在场时要记得及时表扬你的下属。如果下属犯了错误，要对他进行批评，最好在私下里，只有你们两个人的时候进行。

10. 具备反省的意识和习惯，经常检查自己是不是又自负了，又骄傲了，又看不起别人了。一旦发现，就让自己想办法改正。

11. 办公室里不是理想的恋爱场所，所以尽量不要发生办公室恋情，如果实在无法避免，也最好在"地下"进行。在办公室里的时候，避免任何形式的身体接触，包括眼神的接触。

12. 尽量不要借同事们的钱，即使关系很好也最好不要借。如果实在有必要借，那么一定记着及时还钱。

13. 学会恭维，特别是要懂得拍领导的马屁。只是不要胡乱拍，小心拍到马蹄子上，让自己爱伤。

拒绝抱怨，不做"办公室幽怨族"

生活中，我们常会听到这样一个词：怨妇。这种"怨妇"在职场上同样存在。留意一下，我们不难听到，类似这样一些声音："真拿小王没办法，不知道每天用脑子干吗使的，幸好和我做搭档，要是换作别人，早就不知道向领导告多少次状了"；"我辛辛苦苦做的工作，却被我们团队那个不争气的家伙给毁掉了，真让人生气"；"我们这个团队如果没有小张该多好，他太拖后腿了"……

看得出，这些人说起话来总带着抱怨、不满的口气，内心充满了不平衡，总是觉得团队成员妨碍了他的工作进展。总之，他们的心里看什么都不顺眼，心中总是憋着一股怨气。显然，这是一种严重缺乏侠义之气的心理状态，这样的人到头来只能变成满嘴怨言的职场"祥林嫂"。

某公司的会务部有三个人，一个部长两个下属。两个下属中，一个是爱抱怨的小贾，无论何时何地，他都会口无遮拦地抱怨。另一个是沉默寡言的小丁，他有一股老黄牛的干劲，无论部长交给他什么工作，他都会毫无怨言地完成。几年后，小丁成了公司的 CEO，而小贾还在会务部混日子，依旧是满嘴怨言。

观察一下我们周围，类似故事中小贾这样的人并不鲜见。某知名网站曾以"职场中人抱怨状况"为主题进行了一次调查，结果显示：40% 的职场人每天都会发出抱怨。其中，每天抱怨 1 次至 5 次的人占 65.7%，每天抱怨 6 次至 10 次的人占 13.8%，每天抱怨 20 次以上的人占 4.8%，只有 11.2% 的人表示自己"从来不抱怨"，50% 的职场人表示自己会习惯性地发泄不满、难过、郁闷的情绪。

为什么"办公室幽怨族"的怨气这么重，怨言这么多？心理专家经研究，总结出 3 个原因：其一，"办公室幽怨族"过度追求完美，他们总是用完美化的眼光去看现实生活，结果常常是现实有太多缺陷；其二，"办公室幽怨族"比较以自我为中心，做人做事只为自己着想不顾及他人的想法，凡是不合自己心意的，就一概看不惯；其三，鲁迅说过："一位老夫子用一枚放大镜去看美人那嫩白的胳膊，结果却看到了皮肤间的皱纹和皱纹间的污泥。""办公室幽怨族"就是如此，他们的眼睛总是盯着别人的缺点，他们甚至用放大镜、显微镜去寻找别人身上的短处，将别人微不足道的缺陷不断放大，抱怨也就随之而来。

天天将抱怨挂在嘴边的人，工作激情会慢慢减退，他们会将工作当成一种负担，每天抱着"当一天和尚撞一天钟"的心态在公司混日子。结果，不但自己的工作效率很低，而且会将这种不良情绪传染给其他同事，导致整个团队的士气下降。

当然，身在职场中，每个人都会遇到不顺心的事情，适当地抱怨两句，发泄一下不满情绪是很正常的。但一定要注意两点：一是抱怨有度；二是抱怨得有技巧。

刘晓楠最近非常郁闷，他很不理解，为什么同样的抱怨，他的话就像长了翅膀一样，飞到了每个同事的耳朵中，而坐在他隔壁的谭姐是出了名的爱碎碎念的女人，她却越抱怨人气越旺，越得到上司的赞赏。

原来，上个星期客服部的人手不够，刘晓楠就被借调过去帮几天忙，做惯了销售的刘晓楠不愿意做这些琐碎的事情，他觉得很闹心，就不断和客服部的同事发牢骚。几天后，他回到销售部，发现自己的牢骚已经人尽皆知，上司还找他谈话，说大男人不要在背后说小话，这样的行为太不君子了。

谭姐也喜欢抱怨，但她是当面抱怨。比如，开员工大会的时候，她会当面抱怨公司申请拿货的制度不够完善：一个员工申请拿一箱产品，但申请表已经交上去半个月了，也没能得到批复，致使该员工丢失了一个大客户。同事们纷纷向她竖起大拇指，上司也赞赏地说道："你提出的问题很好，我们一定及时解决。"

背后的抱怨是传播是非，嚼舌根，而当面的抱怨是提意见、说建议，两者在本质上是有很大区别的。这也是刘晓楠落下"小人"名声，而谭姐得到他人赞赏的原因。所以，当我们对工作有所不满，而理由又很有说服力时，一定要当面将怨言说出来，而不是背地里抱怨。

另外，美国的罗宾森教授曾说过："人有时会很自然地改变自己的看法，但是如果有人当众说他错了，他会恼火，更加固执己见，甚至会全心全意地去维护自己的看法。不是那种看法本身多么珍贵，而是他的自尊心受到了威胁。"抱怨时，我们分清场合，不要在很正式的场合对上司、同事发一些言语刻薄、有人身攻击的牢骚。否则，非但无法解决问题，反而会丢掉面子。

但不管怎样，我们还是尽量不要去抱怨，不然，不仅让自己缺乏斗志，而且也会影响整个团队的士气。少抱怨，多做事，让自己多一些无私的情怀和坦荡的胸襟，我们的职场之路纵然不会一帆风顺，但也不会有太多坎坷。

树立团队意识，从领导做起

著名哲学家亚里士多德曾说："人类天生是社会性动物。"没错，人总是生活在社会之中，任何人都不能脱离社会而生存。

身处职场，我们所在的团队实际上就是一个小小的社会，它有着自己的边界，而内部又是紧密相关的，彼此之间寄托信任，各担角色，相互有效配合，从而在外部社会中展现自己及团队的卓越能力，获得最为理想的业绩。

不过，俗话说得好："火车跑得快，全靠车头带。"一个团队能否风生水起，表面上看是每个成员的努力，但在这背后却离不开团队的领袖人物。只有这个领袖人物能够认识到每个成员对于团队来说都具有不可或缺性，并让他们在各自的职位上承担自己的职责，发挥自己的力量，那么最后才会产生理想的结果。

当然，作为领导人物，除了认识到团队的重要性和每个成员的重要性之外，还要具备把控全局的能力、指挥若定的气质，并能够寻求对于团队发展最为有效的方法。只有这样，才能最为完善地履行自己的职责。

在一座森林里，有三只小狼。它们把家安在了一条美丽的小河边。

这一天，一头大象来到这里，凭借着自己高大魁梧的身材，侵占了小狼们的家，并把它们赶到了河流的下游。

时间过得很快，三只小狼渐渐长大一些了。有一次，它们一起出去觅食，看到了曾经侵占了它们的家园的那头大象。其中一只小狼气呼呼地说："大象抢了我们的家，还表现得这么傲慢，现在我要让它尝尝我们的厉害！"

另一只小狼说："可是，我们怎么能是大象的对手呢！它太强大了呀！"

此时，三只小狼中为首的那一只狼开口说道："如果我们仨一起努力合作的话，大象应该没有办法招架，那样我们就能战胜它了。"

就这样，三只小狼站在了大象的面前。虽然它们长大了一些，但对于大象这个庞然大物来讲，还是显得很渺小。大象仍然用一副趾高气扬的姿态看着它们。

根据那只领头狼之前的布置，其中一只小狼先扑向了大象，只见大象一脚把它踹开。接着，另外两只小野狼也扑了过来，和大象搏斗在一起。

起初，小狼们不是大象的对手，一次次被大象扔出去。这样打斗了一会儿之后，领头狼对其中一只小狼使了个眼色，小狼心领神会，马上上前咬住了大象的尾巴，任凭大象怎么挣脱，它都不松口。另一只小狼则狠狠地咬住了大象的耳朵。那只领头狼则咬住了大象的一条腿，任凭大象怎么踢，它都不动弹。

坚持了好一会儿之后，在三只小野狼的齐心攻击下，大象这个"庞然大物"累得气喘吁吁，渐渐体力不支地瘫倒在地。大象从来都没想到，自己有一天居然栽在小狼们的手里。从那之后，大象只好离开了河流的上游，把地盘还给了三只小狼。

三只小狼在领头狼的带领下，通过齐心协力，一起战胜了那头看似不可战胜的大象。俗话说"三个臭皮匠，顶个诸葛亮"，不正是这个道理吗?!

当然，这其中，离不开那只领头狼的指挥作用。其实，在任何一个团队内部，管理者都是最为重要的角色，其重要职能就是将所有的员工的能力加以统一，构成一个共同目标，并根据实际情况对人员进行分配工作。这样一来，每个员工才能明确自己的岗位职责，各司其职，在自己的位置上发挥最大的作用。

要做到这一点，就需要领导者对于团队的协作与配合一定要有充分的认识，能够使团队成员认识到合作的重要性。这样，他们就会舍弃个人英雄主义倾向，有效地进行配合，发挥出最大的作用。同时，领导者在安排工作的过程中，还要做到尊重每个成员的个性需求，看到每个人的特点，发挥其各自不同的特长。

所以说，要保证一个团队健康、良好地发展，作为带头人，领导者一定要具有一种统领全局的侠气，让每个团队成员都感受到团队的气氛，感知到团队所带来的巨大成就。只有这样，他们才心甘情愿地将自己融入到团队之中，团队的士气才会高涨。

激励也是驱动力，鼓舞下属长士气

有一本名叫《杰克·韦尔奇自传》的书，看过的人都对韦尔奇的便条式管理印象深刻。在这本书的后面，附有从 1998 年至 2000 年韦尔奇写给杰夫的便条。这些小便条多是对杰夫的赞赏、表扬和激励。也只是这些便条，在完善韦尔奇管理理念的过程中产生了十分巨大的作用。

关于这一点，我们将在本节后面的内容中叙述具体的案例。

不可否认的是，激励是领导者让下属努力工作的驱动力，下属的很多行为都是因受到激励而产生的。如果一个人总能够接受到来自上司的激励，那么他就会自动自发地发挥主观能动性和自身的才能，并全身心地投入到工作中去，确保团队既定目标的顺利实现，推动整个团队向前发展。如果我们遇到的是一个吝惜激励的领导，那么我们的工作积极性必然会受到影响，团队的发展也会大打折扣。

当然，激励也是一门"艺术"。要知道，人性是最难以捉摸的东西，人们都有物质的需求，但是在获得满足之后，又会寻求精神上的丰盈。当这一需求再也无法对其形成一定的吸引力之后，那么管理者常常会焦头烂额，只得寻求更为有效的方式，来对员工进行激励。

不过，那些优秀的管理者会具有一种强烈的号召力量，能够巧妙地在舍与得之间找到一个平衡的支点，在最恰当的时候，以最恰当的方式，把激励的语言给予员工，从而获得最为理想的激励效果。

关于楚汉争霸中的故事，我们都已了解了很多，而其中有个因得不到领导激励而选择离开的故事，或许你没有听过。在此，我们就来看一下。

陈平曾是项羽的谋士，因得不到重用而投靠了刘邦。他毫不客气地给了项羽一个"差评"。他说："表面上，项羽非常关心士兵，有士兵生病，他会难过得掉眼泪。但是，要让他对将士们有所奖励，实在太难了。他手里拿着发给士兵的'印鉴'（相当于公章、任命书），印鉴的角都已经磨光了，他却迟迟不肯发给士兵。士兵得不到应该有的奖赏，就觉得他并不是真的对他们好，就连看见士兵生病就流泪的事也觉得那是鳄鱼的眼泪。时间一长，士兵们看穿了项羽的英雄本色是虚伪的，他们觉得跟着这样的将领难成大事，就纷纷离开了他。"最终，果然如士兵们预言的那样，项羽的确没有成就大事业，他最终败给了刘邦，自刎于乌江。

从中不难看出，项羽正是由于太过虚伪，没有用奖赏的方式来激励手下的士兵，最终导致众叛亲离。或许当他看见身边的人才和士兵纷纷离去之后，他才发现自己在管理上原来存在一个很大的漏洞吧。

在如今的职场中，像项羽这样的管理者并不鲜见，他们对于下属的成绩视而不见，从不给予激励之言，长此以往，下属的积极性便会受到打击，工作热情也就逐渐消退了。

一位教授就曾在其著作中这样写道："通过对员工的激励研究，我发现，实行计件工资的员工，其能力仅发挥了20%～30%；在受到充分激励时，其能力则可发挥至80%～90%。也就是说，同样一个人在受到充分激励后发挥的作用，相当于激励前的3～4倍。"

可见，激励的作用何其之大！由此也不难判断，侠气之于管理者的作用何其之大！

有着"全球第一CEO"之称的杰克·韦尔奇，用20年的时间将通用电气打造成了行业巨头。凭借着韦尔奇的英明管理，通用电气的市值由他刚刚上任时的 130 亿美元上升到了 4800 亿美元，其排名也已从世界第 10 升到了第 1 的位置。韦尔奇书写的自传被全球经理人奉为"CEO 的圣经"。

之前，韦尔奇只是公司的一位中层管理人员，一个偶然的机会，他接手了通用电气。虽然之前的职位并不高，管理的人也不多，但是这些都没有成为影响他发挥管理才华的障碍。

那时候，韦尔奇所在的分公司存在一个很大的问题，就是采购成本过高。这一现象给分公司的生存造成了一定的威胁，使得韦尔奇食不甘味、夜不能寐。

直到有一天，韦尔奇终于想到了一个很好的方法，不仅解决了成本问题，而且还给公司带来了很大的效益。

韦尔奇在自己的办公室里安装了一部电话。这部电话有些特殊，电话专供公司采购人员使用，不得对外公开。如果一个采购员从供应商那里赢得了价格上的让步，他就可以直接打电话给韦尔奇，汇报这一情况。此时，无论韦尔奇在做什么，哪怕是在谈一笔百万美元的生意，他都会立刻停止手上的工作去接电话，并且对那个采购员说："你干得太棒了！"随后，他会亲笔给这个采购员写一份祝贺信。

无疑，降低了成本就等于效益得到了提升，显然韦尔奇也是深谙这一道理的。因此，他的直白式的激励给采购员带来了巨大的工作热情。当然，韦尔奇用激励的方式所创造的效益，并不仅限于金钱的节省上，更体现在其他方面更大的收益上。

在韦尔奇看来，员工是企业的立业之本，员工的积极性直接影响甚至决定了企业的效益。一个领导对于员工的任何一种激励方式，都会让对方感觉自己受到了尊重，从而很有成就感。如此一来，其工作热情必然会高涨，会更加积极地融入团队，推动企业向前发展。

具体到如何激励，我们可以参照巴斯夫公司激励员工的 5 条基本准则。2007 年，巴斯夫以 660 亿美元的年营业收入位居世界 500 强的第 81 位。在上百年的经营过程中，巴斯夫公司的管理者总结出一套激励员工的方法，并以五项基本原则作为激励准则。它们分别是：员工分配的工作要适合他们的工作能力和工作量；论功行赏；通过基本和高级的培训计划，提高员工的工作能力，并且从公司内部选拔有资格担任领导工作的人才；不断改善工作环境和安全条件；实行抱合作态度的领导方法。

总而言之，作为领导者，一定要拥有一种开拓进取、坦荡无私的精神，能够认识到每一个员工都有着巨大的潜力，并且想办法挖掘出来。未来团队管理的重要趋势之一，即是管理者不能再如过去般扮演权威角色，而是想方设法以更有效的方法间接引爆下属的潜力，只有这样，才能创造团队的最高效益。

营造良好氛围，打造活力团队

当一个人从工作中获得认同感，得到满意的物质报酬，并且拥有强烈的安全感的时候，那么他就会有强烈的工作动力。换言之，如果一个团队中的每个成员都能够得到他们所需要的东西，那么这个团队就会是一个充满活力的、有着十足拼劲儿的团队。所以，一个团队如果能够上下一心、积极进取，那么就会有更大可能一步步走向理想的巅峰。

我们可以观察一下，那些在工作中牢骚满腹、时常感到不快乐的人，往往在团队中也没有良好的人际关系，其工作也难有好的表现，常出现诸如态度不够积极、工作拖拖拉拉，甚至弃工作而逃的情况。假如一个团队中有一个、两个甚至更多这样的成员，那么不用问，这样的团队是不会有所作为的，领导也不会看好这样的团队，恐怕等到裁员的时候，最先想到的就是这样的团队了。

所以，要想让自己避免这种尴尬局面的出现，最好还是积极地融入到团队中，不管是下属还是领导，都能够具有侠骨柔肠，为团队营造良好的氛围做出自己的努力。这样的团队才会充满活力，才会更有希望！

一位农民出身的生产企业的老板，在多年的经营生涯中，使公司取得了巨大的成就。要说到他的成功秘诀，只有这样一句话，那就是：上下一心、同甘共苦的团队氛围。

其实，和其他同行业生产企业一样，这家公司也是实行全自动化生产，在设备和生产方式上，并没有什么过人之处，但是他们的整个团队却始终士气旺盛。

公司里的每一名员工都有高度的责任感，而且个个勤奋好学。在这种负责任的心态和不断努力的作用下，公司的产品得以不断改进。因此，有业界人士给出评论说：能让每一个员工都能发挥最大积极性，这就是它的最大资产。

作为该公司的统帅者，其老板坚持"公司由全体人员共同经营"的原则，这其中当然包括所有装配线上的员工在内。老板说："人不是机器，要是一个企业把人和自动化机器置于同等的地位，那么这个企业是不会维持长久的。"

本着这样的理念，该老板不给自己搞特殊化，在工厂里吃的、穿的都和员工们一样，作风也平易近人，为此，员工们都亲切地称呼他"老爹"。

事例中这位老板的做法实在令人钦佩，而这都是他为团队营造良好氛围所实施的十分可行的理念和做法。在这种管理理念的引导下，公司里的每个成员都会得到被尊重的认同感，体会到成就感，同时也会获得强烈的安全感。这样，他们自然会有更强烈的工作动力。

看到这里，或许你会说，这也正是我期待的局面呀！如果是这样，那么就请继续往下看，一些具体的做法将呈现在你的面前，使你成为一个为团队营造良好氛围、能够打造出一支活力团队的职场精英！

首先，要确立团队目标。在任何一项任务的执行过程中，整个团队都要树立一个目标，这个目标实际上是一个能够测量的标准。比如，楼盘部要有这样的目标："秋季3个月，我们的销售目标是5栋楼房。"目标一定要具体，而不要模糊地说："伙伴们，拿出我们的热情，让我们在秋季创造辉煌的战绩吧！"

其次，每个团队成员的贡献都要做好评量。或许有的团队成员甚至团队管理者认为，每个团队成员的工作内容是无法进行评量的。其实不然，我们可以根据每个成员的工作表，或者假设一下，如果没有他，那么会怎样需要他。在此，有一个比较简单的办法就是，让每个成员知道自己一天或者一周的工作量，列出具体的数据，并有团队管理者在整个团队中进行公布。这样对团队成员本身就是一种激励。

最后，不要让团队中的任何一个成员感到自己不中用。每一个成员都希望获得重用，都希望自己能够成为团队中不可或缺的一员。但往往因为工作安排不当，会造成个别成员在某个时期产生"我无能"、"团队不需要我"的自卑想法。一旦有成员产生了这样的想法，那么他做事的积极性就会降低，甚至会拖动整个团队的积极性。所以，在这一点上，我们同样要遵从"木桶理论"，不让任何一个团队成员感到沮丧，而应从工作安排方面，让每个人都能够发挥所长，都能够具备强烈的安全感和成就感。

第四章

用人要有豪气

能否留住最有价值的人才、能否使众人的潜能得到最大程度的发挥、能否使整个团队取得优异的成绩，主要看这个团队是否有一个豪气冲天、果敢睿智的领导。

为了留住人才，多花钱是值得的

曾经在新浪微博里，有一条内容被网友们广泛转发，其中不乏一些企业管理者。这条微博的大概内容是这样的：宁花两个人的钱聘请一名优秀的人，也不花一个人的钱聘请两名一般的人；一个人"值"8000元，你就不要给他7500元……

其实，这条微博的内容反映的主旨就是，在用人方面，要想获得人才，留住人才，就要有不怕花钱的豪气。这和我们老祖宗说过的"重赏之下，必有勇夫"是同样的道理。这虽然和传统文化中所倡导的"男子汉大丈夫不为五斗米折腰"的高尚情操相背离，但却揭示了现实生活中的客观现象。

这一思想并不难理解，因为一个人的收入直接决定了他过什么样的生活，同时也影响着他的工作动力和工作潜能的发挥。我们都熟知的社会心理学家马斯洛曾提出人的5层需求理论，即生理需求、安全需求、归属与爱的需求、尊重需求和自我实现。在这些需求当中，首当其冲的就是吃饭穿衣的问题，这些解决好了，人才能去寻求其他方面的需求。毋庸置疑，很多时候，物质的考量成了一个打拼于职场的人士第一考虑的要素。

所以，要想让自己的团队有干劲儿那么就要具备一些物质奖励的豪气，从物质上激励员工，进而留住优秀的员工，使其工作热情得到极大的激发，展现出更为卓越的能力与拼搏的精神。如果团队中的每个成员都能如此，那么取得业绩上的突破，促进整个团队的前进也不是什么难事了。

晚清重臣曾国藩是一个不爱钱财的人，在选用人才的时候，他一向不喜欢那些为了名利而来的人。但是，在用兵方面，曾国藩却主张以"利"来获得军心，以高额的奖赏来换得兵将们的忠心效力。

由于曾国藩坚持实行以厚饷养兵的统军方式，所以他得到了一支十分勇猛的军队。当年，在太平天国运动兴起之后，清朝正规军节节败退，到最后还是依靠湘军的力量镇压了起义运动，维护了清朝的统治。

具体来讲，曾国藩是怎么做的呢？史书记载，在清朝初年，绿营步兵月饷银一两五钱，守兵月饷一两，马兵月饷二两，勉强可以使士兵维持生计。对此，曾国藩认为，这是导致绿营兵腐败、战斗力下降的一个主要原因。为了解决这一问题，曾国藩制定了湘军官兵俸饷制度，营官每月为二百两，分统、统领带兵三千人以上者每月为三百九十两，五千人者五百二十两，万人以上者六百五十两。

与此同时，为了防止各军统领多设官职，冒领军饷，曾国藩还在饷章中规定，凡统带千人者月支饷银不超过五千八百两，统带万人者支饷不超过五万八千两。这一奖励策略，就连曾国藩本人也不得不承认"章本过于丰厚"。《湘军志》中指出："故将五百人，则岁入三千，统万人，岁入六万金，犹廉将也。"

也正是这么厚饷的养兵策略，才收获了"陇亩愚氓，人人乐从军，闻招募则急出效命，无复绿营征调别离之色"的良好局面。这样一来，士兵们都能够踏踏实实地效力于军队，整个军队的战斗力自然也就提高了。

曾国藩用高额的俸禄赢得了军心的安定，同时也赢得了一支具有超强战斗力的军队。由此看来，这种甘于花钱的手笔，实在令人欣赏。相对于绿营军的低俸禄，士兵们消极分心，湘军的士兵则因拿着高俸禄而无后顾之忧，从而能够更专心地投入到训练当中，也就更能够在战场上勇猛杀敌。

尽管曾国藩自己都认为俸禄太过丰厚，但是包括他自己在内，谁都不能否认物质激励这一激励方式的显著效果。

关于物质激励，我们再来看一个历史故事。

为了获取老百姓的信任，商鞅变法的时候，他派人在都城南门竖起一根三丈高的木头，下命令说："谁能把这根木头扛到北门去，就赏十两金子。"

木头挂出去了，却没人前来尝试。

对此，商鞅清楚这是因为老百姓不相信自己，于是他把赏金加到了五十两。

这时人群中有一个人说："我来试试。"这个人就扛起木头，一直走到北门。商鞅立刻派人给他五十两黄金。

此事很快便在秦国传开了，而商鞅变法也最终得到了群众们的信任。

用五十两黄金的诱惑，商鞅赢得了人们的信任，为自己实施变法打开了一扇接纳之门。试想，如果商鞅没有这种"出手阔绰"的豪迈举动，而是吝于奖励或者只开空头支票，那么老百姓谁还会相信他呢？他的变法又怎么能获得成功呢？

任人唯贤，唯才是举

诗人龚自珍曾发出"我劝天公重抖擞，不拘一格降人才"的呐喊，直到现在，仍然为人们所震撼。作为团队领导者，在选拔和任用人才时，一定要将目光放在那些有能力而且又能体现在成果上的下属身上。或许他们没有很高的学历，或许他们没有出众的容貌，但是这些人是一定要重用的。这既体现着一种会选人、敢用人的"侠骨"，也体现着一种唯才是用、唯贤是举的"柔情"。

近些年，在职场上，这种"重能力，轻学历"的呼声甚嚣尘上，已经有越来越多的管理者和企业老板认同了这一观念。而那些只看学历、不看能力的管理者则往往会让自己的团队流失很多真正优秀的、能力出众的人才。所以，要想打造一支出色的团队，就要任人唯贤，唯才是举，尽最大可能地网罗真正的人才。

在一家发展良好的公司里，公司章程中明确规定了这样一条：任何人升职，均依照资历升迁。这也就是说，破格提拔人才的阻力很大。也正是因此，当真正需要破格提拔人才的时候，公司会非常地谨慎。所以，公司老板想出了一个很好的办法。

首先，在提拔员工的时候，他会先广泛地征求团队内部人员的意见。因为如果有团队成员对这个新上任的领导不满意，而自己却采取强制提拔的办法的话，不仅不能达到目的，反而会带来许多麻烦。

其次，该公司老板会和年长的员工进行沟通，说服他们同意和支持新人升迁。他认为："当你把某人提升为团队领导时，等于忽视了该团队内曾经照顾过这个人的许多前辈。所以，每次提拔新人，我都会让该团队内资格最老的员工向大家宣布新上任的领导这一消息。这样做，一方面尊重了老员工，另一方面，也让新上任的团队领导更具威信。"

最后，也是该公司老板认为需要始终如一地贯彻的一条，那就是在选拔人才时，从老板到中高层管理者，甚至到最底层的员工，都不能存有私心，必须完全以这个人是否适合那份工作为依据。凡是有才能的人，为了工作而得到提拔，其他员工也是能够理解和支持的。

该公司之所以呈日益发展状态，想必是离不开其老板的唯才是举、任人唯贤的选才标准的。其实，古往今来，有很多先辈在这方面的做法很值得现代管理者们借鉴。在此我们再举一个元世祖忽必烈的例子：

在我国历史上，有一位世人公认的杰出帝王——元世祖忽必烈。他的杰出，不仅体现在打出了我国历史上最大的版图，而且也体现在他能够慧眼识英才、唯才是举的能力和做法上。史书上记载了这样一件忽必烈唯才是举的事例。

元初"开国四杰"之一的木华黎有个孙子，名叫安童。安童在 13 岁的时候，就开始倚仗着祖父的威名，被"召入长宿卫，位上百僚之上"。

尽管可以靠祖父获得一官半职，让自己高枕无忧，但安童并不想倚靠祖辈的荫庇，而是和其他同龄人一样，勤学苦读，丝毫不敢懈怠。或许正是因为如此，从少年时代就胸怀大志的安童表现出了与众不同的成熟和稳重。

到了安童 16 岁那年，元世祖与阿里不哥争王位得胜，拘捕了阿里不哥的党羽千余人，世祖问安童："我想将这些人杀掉，以绝后患，你认为怎么样？"安童略微沉思，然后不慌不忙地答道："人各为其主，他们跟随阿里不哥也是身不由己，这由不得他们选择。陛下现在刚刚登上王位，要是因为泄私愤而杀了这些人，那又怎么能让天下人诚心归附呢？"

安童的一番话让元世祖颇为惊讶，他想象不到，年纪这么小的安童居然如此有见识。因为他本来就没打算杀那些人，只是有意考验一下安童罢了。显然，安童顺利过关了。

两年之后，已经 18 岁的安童处世更为练达，办事也更加果断，稳重踏实，足智多谋。这些都被忽必烈看在眼里，为此，他决定破格提拔安童为中书右丞相。谁知，安童知道这一消息后，婉言推辞道："大元现在虽然安定了三方，但江南尚未归朝廷，臣年少资轻，恐怕四方会因此而轻视朝廷，还请陛下另请高明。"不过，元世祖已经下定决心了，他坚持道："我已经考虑清楚了，你就不要再推脱了。"

虽然元世祖百般信任并重用安童，但他毕竟是个 18 岁的孩子，这在大一统的王朝中是绝无仅有的。安童如此少年得志，自然引来不少人的忌妒，甚至有不少人劝说元世祖不应该把大权交给一个小毛孩子。

元世祖是怎么回答的呢？他对劝慰者语重心长地说道："如果用人按资论辈，那我岂不是要等到安童三四十岁甚至更老的时候才能提拔他？那时的安童可能已经锐气全无，才思迟钝，这将是对人才的扼杀。"

元五年的时候，安童被几位朝中权臣忌妒已久，他们想削夺安童的实权，于是建议设尚书省让阿合马主持，而让安童居三公之位。这件事反映到元世祖那里之后，元世祖又把这件事交给大臣们，让大家展开讨论，并对大臣们说："安童，国之柱石，若为三公，看似给了他权职，实际上是夺了安童的实权啊，这样的做法我不同意。"

从那之后，安童一直身居要职，在为元世祖效力的 31 年的时间里，他为国家的稳定和繁荣作出了巨大的贡献。49 岁时，安童因病逝世。

诚如元世祖所说，如果按资排辈，那么对于安童的提拔就要等到若干年后，而那时的安童未必有年轻时的气魄和心力。可见，元世祖这种任人唯贤的做法实在令人钦佩。

不过，反观现实，仍然有不少团队管理者在提拔人才的时候，会不自觉地按照资历大小、辈分高低来考虑。殊不知，这种做法会压制真正有才能的人，使组织出现僵化和凝固的情况，从而停止前进的步伐。

既然如此，那么我们就要建议现代企业的管理者们，不妨借鉴一下过来人的做法，学习忽必烈唯才是用的理念和举措。在管理团队的过程中，让自己带着坦荡无私的情怀，秉持唯才是用、任人唯贤的选才方式。只有这样，才能甄选出最为优秀的人才，并使之在团队发展中发挥出最大的能量。

人尽其才，发挥每个人的最大价值

人各有所长，也各有所短。一个好的领导，必然是心怀正义、洞悉全局的人。这样的人能够做到了解手下的每一名员工，并能够给他们各自安排恰当的位置，使之人尽其才，才尽其用。

说到这里，我们不得不提一下这样一个词语——知人善任。这个词包含两个方面的内容：首先是知人。也就是我们在本节内容一开头提到的对员工要有清晰的了解，知悉其是否具备某项工作的能力。清楚了这一点之后，再将其安排在最合适的位置上。举例来说，如果要求一个做技术的人去搞市场，显然是不合适的。既然这个人适合搞技术，那还是让他去做自己的老本行比较好。至于市场，还是得另找一个有相关技能的人才来做。简单来说，就是让合适的人去做合适的事，才能有效发挥人才的价值，做到人尽其才，才尽其用。

童晓飞在一家民企做人事总监，在一次和朋友聊天的过程中，她回忆起了自己做人事主管时的一件事："我做人事主管的时候，曾经碰上一个难题。有一个员工非常老实，但是有点老实得过头。他不爱讲话，也不会请教别人，工作总是完成得不好。但是他很遵守公司的各项规章制度，从不迟到早退，并且忠于职守。我几次萌生辞退他的念头，但看见他认真的工作态度，我就很不忍心。为了他的职位安排，我伤透了脑筋。让他在公司闲着，不仅要照发工资，而且别的员工会有意见；给他工作，他还什么也干不好。慢慢地，我开始灰心丧气。恰好这时，公司的仓库需要有人盘点和看管。但由于工作太枯燥，谁也不愿意去。原来的库管大都耐不住寂寞，经常跑出去聊天。于是，我就将这个老实员工派去当库管。让我意想不到的是，他在这个岗位上干得非常好。因为他整天面对着大堆材料，根本用不着说话。他的守职和诚实，非常适合这个工作。我暗暗觉得庆幸，幸亏当初包容了他的短处，不然，不知何时才能找到一个称职的库管。"

童晓飞怀着包容的心态，让在原来的岗位上做事不得力的那位员工调到另一个不起眼的工作岗位上。但让她没想到的是，这一举措歪打正着，该员工的性格恰恰符合新的工作岗位，所以他干得非常不错。

由此可以看出，同样一个人，在这个岗位上可能做得不理想，但换到适合他的岗位上，没准就能做得很好了。

正所谓"金无足赤，人无完人"，在用人的时候，我们一定要怀着正义与无私，学会辩证地看待对方，既要看到其优点，又不能抓住其缺点不放。用人之长、容人之短，是唯才是举的一个重要原则。

我国历史上的春秋战国时期，楚国有一位将领名叫子发，以招揽贤才而出名，他特别注重那些有一技之长的人。

这一天，一个有着"神偷"之称的年轻人前来拜访，他对子发说："听说过您招揽贤才的盛名，虽然我是个小偷，但请您收留，我愿意为您当差。"

子发听神偷这么一说，又仔细看了看，虽然神偷其貌不扬，但是满脸诚意。于是，子发连忙起身，以礼相待，将神偷奉为上宾。

这件事很快便在楚国传开了，很多官员对此表示极大的不满，他们纷纷劝阻子发："江山易改，本性难移，这个人可是小偷呀，我们怎么能信任他呢！"

子发没有做任何辩解，只是告诉大家，以后便会知晓。

随后，齐国进犯楚国，子发率军迎敌。交战了三次，楚国被打败了三次。这时候，那位神偷前来求见，对子发说，他有一个办法，希望能得到允许，让自己去试一试。子发答应了。

借着夜幕的掩护，神偷悄悄潜入了敌营，将齐国首领的帷帐给偷了出来，交给了子发。次日，子发便派使者把帷帐送还给齐军首领，并告诉他们说："我们士兵，在外出时，捡到您的帷帐，特地赶来奉还。"

见此情景，齐国的将军们全都目瞪口呆，一时不知如何是好。紧接着，神偷又把齐国首领的枕头和头发簪子都给偷了去，并如数归还。

这时候，齐军的军心越发慌乱起来，士兵们纷纷议论说："照这样下去的话，下次丢掉的，就怕是我们的人头啊。"齐国的首领也忐忑不安起来，惊骇地对幕僚们说："如果再不撤退，照这样下去，恐怕子发下次送还的就是我们的人头了。"就这样，齐军撤退，楚国不战而胜。

因为神偷的帮助才让楚国免于陷落，为此，子发向神偷表示感谢。神偷却感慨道："想当初，我前来投奔你，你对我那么热情，我被你深深感动了。从那之后我暗暗发誓，一定要好好做人，争取为你效力，为楚国效力。"至此，大臣们也终于明白了子发当初的用意，无不表示叹服。

一个被人诟病的神偷，却被子发留用，由此我们不得不叹服子发的非凡气度和用人策略。也正是这一点，使这个神偷发挥了自己的特长，用一种巧妙的方式将敌军逼退。

事实上，团队就像一个紧密相关的机器，由于每一个"部件"的有效运转，机器才能顺利运行。任何一个团队，都不是只由"重要人物"构成的，总会有一些"不起眼的小人物"，要想让整个团队齐头并进，那么就既要看到重要成员的能力，又不要忽略那些非重要成员的特长。

俗话说"天生我材必有用"，也许某一天就会出现一个机会，为一个人展示自身能力提供出一个平台。一个高明的管理者是能够从每个普通员工身上发现、发掘、发挥他们有价值的一面的，在时机合适的时候，利用这些"小人物"的一技之长去做适合的事情，也许会取得出人意料的效果。

用人不疑，把信任留给下属

在职场中，我们常常会听到这样的抱怨声："我和领导相处得很不愉快，因为无论大事小情，他都要一一过问，眼睛就像黏在我身上了一样。""我们部门的经理总是嘴上说'你办事，我放心'，但实际上，他对我是极其不信任的，总是不断地查岗，问我的工作进度。"这些抱怨声反映出一个管理漏洞：领导多疑。

欧阳修曾说："任人之道，要在不疑。宁可艰于责人，不可轻任而不信。"意思是说，用人之道，最重要的就是不能疑神疑鬼，宁可提高选拔人才的标准，也不能在任用了一个人之后再去怀疑他。

事实上，一个善于用人的领导，是不会轻易怀疑自己的下属的，他们的内心是充满正义的能量的。内心的坦荡让他们敢于下放权力，并巧妙管理，显示自己用人不疑的气度。其实，从某种意义上讲，领导的信任和员工的业绩是成正比的：领导给员工多少信任，员工就还给领导多少业绩。

当选总统后的林肯，入住白宫不久，便决定任命萨蒙·蔡斯为财政部长。这一想法遭到了很多人的反对，大家都认为林肯不应该这样做，原因是林肯这么做恐怕会给自己带来威胁。

对于别人的劝阻，林肯却不以为然，他疑惑地问大家："萨蒙·蔡斯是一个非常优秀的人，为什么要反对我接纳他呢？"人们告诉林肯说，在私底下，萨蒙·蔡斯认为自己比总统还要伟大。

听大家这么说，林肯笑了，他说道："哦，你们还知道有谁认为自己比我伟大，如果知道，都告诉我，我要把他们都收入内阁。"

就这样，萨蒙·蔡斯被任用了。最终事实表明，他的确是一个大能人，但也是一个狂傲十足的人。

林肯周围的朋友们都觉得萨蒙·蔡斯在身边始终是林肯的一大祸患，所以大家都建议林肯免去萨蒙·蔡斯的职务。林肯却话锋一转，要给大家讲一个关于马蝇的故事。故事的内容是这样的：

有一次，林肯和自己的兄弟在老家犁玉米地，林肯负责吆喝马，兄弟负责扶着犁。那是一匹很懒惰的马，不过有一段时间它跑得很快，林肯差点没跟上。

到了地头，林肯发现在马的身上有一只很大的马蝇，林肯随手将它打落了。他的兄弟则责问说："为什么要打落马蝇？正是因为它，马儿才跑得快呀？"

这时候，林肯意味深长地说："现在，正有一只叫'总统欲'的马蝇叮着蔡斯呢，我们能做的，就是让蔡斯和他的部下不停地跑，这样无论对他还是对我都是最好的！"

林肯任用萨蒙·蔡斯，充分体现了他用人不疑的伟大胸襟和气度。他看到了萨蒙·蔡斯身上所具备的才华，并且给他充分施展才华的空间。最终的结果也表明，他的做法都是正确的。而这也是林肯作为一个伟大管理者拥有超凡的气魄与胆识的最好见证。

一般来说，领导多疑的原因有两点：其一，有的领导因为"高处不胜寒"，所以会过分地留心下属的一言一行，下属稍有风吹草动，他们就草木皆兵；其二，近年来，员工以歧视、骚扰、不公正对待等种种理由将管理者推向法庭的事件频频发生，有的领导唯恐自己一着不慎，就坐进被告席，所以，他们时刻保持高度的警惕性，对下属疑神疑鬼，信任感日渐淡薄。

这样一来，不但团队中人与人之间的关系变得淡漠、疏离，而且也不利于团队向心力、凝聚力和战斗力的充分发挥。

唐朝李世民统治时期，有一位著名战将名叫尉迟敬德，他骁勇善战，屡屡立功，为大唐的安定和平作出了很大的贡献。不仅如此，尉迟敬德对于唐太宗李世民还忠心耿耿。之所以誓死效忠唐太宗，是因为他得到了李世民充分的信任。

据史书记载，武德三年（620年），原本在刘武周手下做大将军的尉迟敬德，与另一员大将寻相一起归降于唐太宗。李世民见他武艺超群，决定重用。不过，李世民手下的另一员大将屈突通觉得不妥，劝谏道："尉迟敬德是被逼归顺，恐怕将来会叛变，不应委以重任。"李世民没有采纳屈突通的意见，而是果断重用了尉迟敬德。

过了没多长时间，寻相连同别人制造了一场叛乱。这件事让众人对尉迟敬德起了疑心，因为寻相和他关系密切，所以大家担心尉迟敬德也会造反。为了防患于未然，屈突通等人把尉迟敬德给捆绑了起来，押到李世民面前，并建议李世民将其处死，以绝后患。

让他们没想到的是，李世民却摇了摇头，说道："尉迟敬德何许人物！如果要叛乱，还会落在寻相的后面吗？"说完，他离开座位，亲自上前帮尉迟敬德解开了绳索，并安抚道："大丈夫以义气相许，千万不要将这点小误会放在心上。我是绝不会随意轻信旁人之言，加害忠良勇士的。"

一番话让尉迟敬德感动不已。从那之后，他对唐太宗死心塌地，在战场上屡立战功，成为了唐朝不可多得的开国功臣之一。

唐太宗用人不疑的管理理念，无疑给现代社会的管理者及员工们都上了一课。因此，作为领导者，有必要从传统的方式与认识中解脱出来，从效益的角度对自己的管理工作进行衡量，而不能再局限于传统的秩序性维护。

当管理者能够真正具备坦荡无私的侠义之气，能够从团队的效率、利益这一角度出发的时候，才会寻找到并挽留住真正需要的人才，否则团队就会很可能处于一种彼此之间难以信任，你怀疑我、我怀疑你的一盘散沙的局面。

权力下放，管理才能更有效

一说到管理人员，最先映入我们脑海的，八九不离十都会是"权力"以及围绕着权力展开的工作能力、收入状况、做事魅力，等等。

说到权力，我们就会想到这是一种调动部署、指挥他人的资格。但实际上，一个好的管理者，并不是自己大权独揽，对下属随意调配，而是敢于将手中的权力下放，有效地利用自己手里的资源，用最巧妙的、最经济的方式来解决所遇到的问题。其实，这样的领导才是值得下属信赖和拥护的领导。

相反，如果一个管理者事无巨细，凡事都要亲自过问，会让下属觉得这样的领导太有"统治欲"，而领导本身也会让自己忙得不可开交，并比较容易将原本可以任用的优秀下属拒之门外。

综观历史，那些卓越而伟大的管理者，都不是单打独斗的勇士，他们身边总会围绕着一些仁人志士，为之出谋划策，奋力拼搏，而管理者本人也总能很好地利用这些人的力量，建立彼此的信任，对身边的人委以重任，在他们的帮助下，最终使自己成就大业。

只要稍微知道一点历史的人，大都对唐玄宗所开创的"开元盛世"不陌生，这是中国封建社会历史不可超越的高峰，直到今天，还是国人的荣耀和纪念。虽然因为"开元盛世"而让我们记住了唐玄宗，但是我们也应该看到在他背后的姚崇、宋景等名相的身影。正是由于唐玄宗大胆任用贤才，才收获了此番大业。在放权与授权方面，可以说唐玄宗绝对是一位高超的管理者。在此我们举个例子。

有一次，因为几个官员的任免事宜，宰相姚崇向唐玄宗请示。可是，姚崇连问了三遍，唐玄宗都不予理睬。姚崇不明就里，心想："莫非我什么地方出现了差错？"迫于无奈，姚崇只好悄悄退了下去。别的大臣也不知道为何这样，也只好一同离去，最后只剩下高力士和唐玄宗二人。

高力士走到唐玄宗跟前，说道："陛下即位不久，面临众多事务，大臣奏事，准与不准都应有所表态，可是，您为何对宰相的话置之不理呢？"唐玄宗回答说："我让姚崇做宰相，是为了辅佐我大业，朝中事情如此繁杂，如果事无巨细都由我过问决定，那我就算是不吃饭不睡觉，也不能完成。这些官吏的任免，是姚崇自己该负责的事情。"

听了这话，高力士明白了，回头便把这件事转告给了姚崇。姚崇听到之后，才恍然大悟，原来皇帝是不想管这些小事呀！

从那之后，凡是遇到一些细小的问题时，姚崇都独自处理，而不去劳烦唐玄宗了。这在无形中为唐玄宗分担了不少忧愁。对于其他重臣，唐玄宗也是采取了这种权力下放的模式。这样一来，他就有了足够的时间和精力去处理朝中大事，国泰民安也就不难实现了。

作为全国的最高管理者，唐玄宗却没有把权力独揽于自己的手里，而是将很多事情的决策权交给手下的臣子。如此一来，臣子们就可以大胆地开展工作，而唐玄宗自己也更有精力投入到自己应该承担的事情上面。在这份气魄和管理智慧的影响下，他开创了我国历史上的"开元盛世"。

反观现代职场中的管理，很多领导者生怕自己的权力没有"用武之地"，恨不得芝麻粒大的事情都要过问，在他们看来，只有这样，才显出自己作为领导的风度，才能让自己对工作真正放心。

这些人不知道，其实，当我们能够从传统的意识中抽离出来，对管理工作进行审视的时候，就会看到自己手中的权力的真正作用。它是为了群体的发展而存在的，一定程度上的合理授权，会更加有利于工作的开展。从管理效率的角度来看，授权实际上是管理方式中非常有效的行为。

通过授权，管理者可以找到最适合的负责人，他们会对问题和形势作出最恰当的判断，给出最有利的解决方案。而管理者本人也能够将管理工作有效分解，利用大家的力量让整个团队的工作得到有效的运转。

多罗斯是某知名企业的执行总裁，他是一个对工作非常负责的人。但是，在他的领导下，公司的发展并不理想。一时间，多罗斯不知道问题出在哪里。

他总觉得自己对公司的大事小情都了解得清清楚楚，可就是经营不善，这让多罗斯很是挠头。

后来，多罗斯开始走访企业名下的近百家分公司。通过走访，他认识到一个很严重的问题，那就是，各个分公司的执行经理都希望能够自己决定一些事情，而不是盲目地按照总部的指示去做。

经过一番深思熟虑之后，多罗斯改变了自己的经营决策，给予这些分公司经理更多的经营与决策的权力。分公司的经理们也都放开手脚，按照自己的意图去安排各项工作，最终各个分公司都取得了不错的业绩，公司的整体业绩也得到了显著提升。

试想，如果多罗斯还一如既往地手握权力不放手，那么公司距离倒闭恐怕为时不远了。多罗斯的成功，正是源于将权力下放。通过授权，使得企业领导能力增强，员工归属感增强，更使得企业管理层等各层次有序交接和企业平稳过渡。这也正是为什么有的企业可以经营成百年老店，而且长盛不衰的原因之一。

当然，权力决不可"乱授"，他需要管理者审时度势，并对受权者有比较充分的了解，同时还要做好有效的监督，这样才能让权力下放获得最好的效果。具体来说，管理者授权要遵从下面 4 个方面。

1.责任分解

将责任分开是授权的第一步，也是最基础和最重要的一个环节。一个没有责任的授权算不上真正意义上的授权，责任分解的目的就是让受权的下属明确在这次授权中自己必须要完成的目标、所涉及的范围和程度，以及这些目标完成时授权者应该采用的检验标准。也就是说，通过责任分解，可以让下属明确自己的职责所在，能够更好地完成任务。作为管理者要清楚，任何人只会做你要求的、而不是你期望的事。

2.及时有效地沟通

权力下放给下属，并不意味着只让他们承担责任就够了。事实上，管理者必须就职责担当与受权的下属进行有效沟通，必须让其非常明确自己的职责和领导的期望，这些需要管理者和下属之间达成共识，也只有这样，授权才具有意义。

3.授权检查与跟踪

领导授权是一个系统的管理保证体系。给予了权力、分派了责任，管理者千万不要忘记要按照授权项目的计划定期对所授权的下属进行监督。有必要提醒的是，这种监督与检查不是走过场，而是真正意义上的监督，不是简单地给个评语就万事大吉的，必须了解授权执行的效果及出现问题以后的及时反馈与调整。

要知道，只有授权而不实施反馈控制，不仅导致授权无意义，而且还有可能为工作带来很多麻烦。因此，在分派任务时就应当明确控制机制。首先，管理者和受权的下属要对任务完成的具体情况达成一致，而后确定进度日期，并明确约定在什么时候用什么方式，下属需要向领导汇报工作的进展情况和遇到的困难。这种控制机制还可以通过定期抽查得以补充，以确保下属没有滥用权力。但是需要提醒的是，不要控制过度，否则等于剥夺了授予下属的权力，那样就会物极必反。

4.授权终止与评估

任务完成后，并不算真正意义上的授权结束，最后还需要对本次授权进行评估，这是授权的最后一环，不管授权执行效果如何，都必须给予合理的评估，而这种评估必须与受权者共同达成。在对授权进行评估的过程中，必须以结果和业绩为导向，将授权的评估作为下属个人绩效考核的重要依据之一。这也是完善的授权体系必不可少的一环。

总之，领导授权给下属，并非仅仅是授予权力，更重要的是分派责任。因为权力只是一个表象和形式，而本质上还是责任，权力是为责任服务的，责任是权力赋予的证据，二者缺一不可。也可以理解为，所谓的侠义，绝不是单纯的江湖义气，而是在原则范围内的豪迈与果敢。不管管理者采取哪种授权模式，上述几个原则是必须要遵守的，希望管理者们谨记。

第五章

执行要有霸气

无论是多么伟大的梦想、多么恢宏的蓝图、多么正确的决策、多么严谨的计划，如果没有严格高效的执行力做支撑，最终的结果都会和我们的预期相去甚远，甚至南辕北辙。

凡事当机立断，执行决议不折不扣

对每个人、每一个团队来说，执行力是一种决断力，是一种行动力，也是一种发乎于心的魄力。只有执行得好，工作才能做得好。对于一个团队或者企业来说，员工的执行力是创造业绩的关键。大多数企业都对这一点非常重视，并以此作为晋升的依据。

但是，我们却不难在工作中发现，有这样一些员工，他们在接受领导决定的时候，常常不那么"痛快"，总是喜欢问几个"为什么"。在他们看来，这是替团队着想，或者体现自己聪明才智的做法。

然而，实际上，领导在进行重大决议之前，大多是已经经过深思熟虑并且征询过其他人的意见了，要想发挥你的聪明才智最好在那个时候发挥。一旦决议形成，我们能做的就是好好执行，而不是进行不必要的讨论。

有一次，巴顿将军准备提拔一名部下，他先把5名候选人叫到一起，对他们说："我打算在仓库的后边挖一条战壕，3英尺宽，8英尺长，6英寸深。"说完之后，巴顿就吩咐他们去做了。

紧接着，几个人便去检查挖战壕的工具去了，巴顿则趁着这个空当走进了那个仓库，试图通过仓库的窗户观察他们的言行。当然，那几个候选人是不知道巴顿在暗地里盯梢的。只见他们把工具挑选好之后，在准备挖之前，居然开始了争论。一个说："将军为什么要我们挖那么浅的战壕呢？"另一个说："就是，6英寸深的战壕能做什么呢？还不够当火炮掩体的呢。"第三个说："我们好歹也是个军官吧？将军却让我们来干什么挖战壕的体力活儿，也太大材小用了。"第四个更有趣，他在跟大家讨论战壕是太热或者太冷的问题。

只有第五个军官不发一言，只是听着那4个人讨论不休。他对那些人说道："让我们把战壕挖好后离开这里吧！将军想用战壕干什么都跟咱们没关系。"

最后，是谁得到了提拔呢？答案是第五个。巴顿给出的理由是，因为在他身上体现了一种自我执行和服从命令的精神。巴顿将军对大家说道："我挑选的就是一个不找任何借口而完成任务的人。"

的确，对任何一个领导者来讲，他所发出的决议通常是经过深思熟虑之后的。而当决议发布出来的时候，最需要的就是下属的执行力度了。作为下属，如果这时候还讨论个不停，势必影响决议的进展和执行力度，而最好的做法就是一丝不苟地按照领导的安排去执行。

美国百货业巨子约翰·甘布士便深知此中的道理。

有段时期，约翰·甘布士所居住的伯维尔地区遭遇经济萧条，很多工厂和商店都因此纷纷倒闭，不得不以极低的价格（当时1美金可以买到100双袜子）疯狂抛售自己堆积如山的存货。

当时，约翰·甘布士还是一家织造厂的小技师，名不见经传。看到这种情形后，他毫不犹豫地拿出自己的积蓄来收购这些低价货物，人们见他这么做，都认为他脑子进水了，甚至还当众嘲笑他是个傻子。但是约翰·甘布士并没有因为外界的舆论而动摇自己的立场，他依旧坚持自己的决定，收购了各工厂和商店抛售的货物，并且租下了一个很大的仓库来储存这些收购的货物。

对此，约翰·甘布士的妻子感到忧心忡忡，劝甘布士不要购买这些别人廉价抛售的货物。因为他们的积蓄并不多，而且有一部分是子女的教养费。一旦约翰·甘布士的这次投资失败，血本无归，那么后果是不堪设想的。

约翰·甘布士听了妻子的劝告和担忧后，笑着安慰妻子道："放心，3个月以后，咱们就可以靠这些廉价货物发大财了。"

然而，过了十多天后，连那些工厂和商店贱价抛售的货物也已经没人要了，为了稳定市场上的物价，所有未售出的存货都被货车运走烧掉了。约翰·甘布士的妻子见状后心急如焚，不由得开始抱怨起甘布士。对于妻子的抱怨，约翰·甘布士一言不发。

终于，美国政府采取了紧急行动，稳定伯维尔地区的物价，并且大力支持当地的厂商复业。可是因为焚烧的货物过多导致存货欠缺，当地的物价随之飞涨。这个时候，约翰·甘布士果断地将自己库存的大量货物出售出去，这样不仅赚取了一大笔钱，而且也为稳定市场物价作出了贡献。

在约翰·甘布士决定将库存货物出售出去时，他的妻子又劝他暂时不要急于出手，因为物价还在一天一天往上涨。但约翰·甘布士并没为此心动，他坚定地说："是抛售的时候了，如果再拖延时间，就会后悔莫及。"

果然如约翰·甘布士所言，存货刚刚售完物价便跌了下来。他的妻子感到非常庆幸，也十分钦佩他的远见与果断。

此后，约翰·甘布士用这笔赚来的钱开设了 5 家百货商店，生意非常红火。如今，约翰·甘布士也已是全美举足轻重的商业巨子。

从上面这个事例，我们可以看出，约翰·甘布士之所以能够取得成功是因为他在关键时刻能够当机立断，坚持自己的立场，果断地做出决定并且坚定不移地执行。

试想，如果约翰·甘布士在机遇来临时总是犹犹豫豫、思前想后，如果他因为众人的议论和嘲笑而怀疑自己的决定甚至放弃收购，如果他听从妻子的话延后抛售货物，那么他还能在这场经济危机中打一场漂亮的战役，成就自己今后的事业吗？

美国作家马丁·科尔曾说过："世间最可怜的，是那些做事举棋不定、犹豫不决、不知所措的人，是那些自己没有主意、不能抉择的人。这种主意不定、意志不坚的人难于得到别人的信任，也就无法使自己的事业获得成功。"

的确，主意不定、优柔寡断都是性格上的弱点，这种和侠气毫不沾边的性格弱点，可以破坏一个人的判断力以及自信心。具有这种弱点的人，自卑消极、没有毅力，自然也很难取得成功。所以，在处理日常事务的过程中，我们应有意识地培养自己遇事坚决果断的能力以及迅速决策的能力。时刻记住，只要看准了方向，只要抓住了机遇，就不要游移不定、前思后想。该出手时就出手！

敢于创新，突破常规显实力

侠气，不仅体现在坚定的执行力上，而且也体现在勇于创新的进取精神上。一位著名的营销大师这样说过："我时时都会记得，我在推销商品的同时，也是在推销自己。"

从市场角度来说，不管是哪一类商品，其所蕴含的技术含量，也就是技术创新是最具备核心竞争力的。一个商品要做到不断创新，不但要注重内部品质和外部包装，还要注重其营销的方式。同样，一个人要做到创新，不但要敢于突破常规，还要乐于接受挑战，并不断地让自己具备较强的学习能力，让自己的知识不断更新，不断增值。

唯其如此，才会让我们在工作过程中崭露头角，才会让我们为团队展现自己最有价值的一面，也才会让我们更加得到他人的赏识和认可。

我们先来看一个故事。

大航海家哥伦布在发现新大陆不久，应邀参加一次欢迎会。在欢迎会上，有一位贵族对于哥伦布发现新大陆一事很是不服气，便口出狂言道："不就是发现新大陆这么简单的事嘛，有什么难的，哥伦布不过是坐着轮船往西走，再往西走，然后在海洋中遇见了一块陆地而已。我相信，任何一个人只要乘坐一艘船，不断地向西，向西，都会发现这个新大陆，所以这真没什么新奇的，简直不值一提。"

这个贵族好一番"高论"！但是，哥伦布却没有流露出丝毫的不满和尴尬，只是从身边桌子上随手拿起一个煮熟的鸡蛋，微笑着对大家说："请在座的各位试一试，看谁能使鸡蛋的小头朝下，并竖立在桌子上。"

人们听到这里，纷纷拿起鸡蛋在桌子上试起来，可是任凭人们用尽各种方法，最终也没有一个人成功将鸡蛋竖起。这时，又听那位骄傲的贵族说话了："要想让鸡蛋在平滑的桌面上竖立，那是绝对不可能的事情，除非你把桌子挖个洞。"

就在他的话刚刚落地，哥伦布便拿起一个鸡蛋，让小头朝下，然后轻轻地往桌子上一敲，鸡蛋便稳稳地竖立在桌面上了。

看到这里，众人都愣住了，但紧接着，便报以热烈的掌声。见此情景，那位贵族又不服气地说道："你把鸡蛋敲破，当然就能竖立起来，用这种方法我也能做到。"

此时，哥伦布微笑着对在座的人们说："没错，实际上世界上很多事情都是如此，看起来容易，但其中最大的区别就是，我已经动手做过了，你们才恍然大悟。"此时，只见那位高傲的贵族终于羞愧地低下了头。

看完这个故事，我们大抵都能清楚，新的思想、新的际遇的出现，无不蕴藏着创新的智慧。而创新，说白了，就是别人做了，而自己没做，别人想到了，自己却没想到。现今时代，创新已经成为各个用人单位乃至社会的强大呼声。

我们知道，在20世纪80年代，如果能够拥有一张金灿灿的大学文凭，在人才市场"一闪"，那可是"皇帝的女儿不愁嫁"；到了90年代，"经验"开始风靡起来，"是骡子是马，拉出来溜溜"成了很多用人单位响亮的口号；进入新世纪之后，"经验"热潮悄然退去，创新热却粉墨登场，为职场"旧貌换新颜"的新经济时代赋予了创新以至高无上的价值。现实的经验并不重要，未来的发展与创新才是重中之重。很多企业高声呼喊：用人用的不是现在，而是未来的前景。不过，这一新的职场动向给每一个职场人士透露的信息是："经验"的敲门砖哪怕是100%为黄金铸造，也不那么容易敲开新经济的大门，因为网络时代能够使新潮职业"芝麻开门"的非"创新"精神莫属。

某公司因决策失误，生产出来的呼啦圈积压在仓库里。但事后不久，一位普通员工提出一个方案：将呼啦圈切成两半，售往农村做蔬菜薄膜覆盖用的顶棚支架。领导们觉得可行，于是该方案通过。最终的结果是，积压的呼啦圈一下就卖了个精光。

可见，只要有创新意识和积极的工作态度，即使从事最平凡的工作，也能从中发现乐趣，并干出引人注目的业绩来。一个小小的创新会给你的公司带来利润，也会增加你在老板心目中的位置。

对于闻名于世的微软公司，我们都不陌生。其实，它正是因为在很多方面都走在创新的前沿，才取得了举世瞩目的成就。在此，我们举个例子。

一开始，微软就采取了不同于其他公司的商业模式。其总裁比尔·盖茨先生没有像其他同行那样把它的 Msdos 操作系统整个产品卖给 IBM 公司，而是把这个产品的使用权卖给了 IBM。这样一来，微软便可以长期从对方那里获得收益。

当时，微软公司的工程师发现操作系统国际化版本开发中存在一定的问题，比如开发率较低，开发周期较长，等等。于是，他们就开始从技术和管理上研究如何改变当时的开发模式，最后提出了一套操作系统国际化版本开发新模式。这个新模式改变了微软 20 年一贯的国际化版本的开发模式，大大提高了开发效率。更为重要的是，缩短了整个开发周期，真正实现了操作系统 Windows XP 的全球同时发布。

可不要小看这样一个开发模式的创新，它不仅为微软公司每年可以节省上亿美元的成本，而且还大大提高了微软公司的市场竞争力。

一次创新，带来巨大的突破。成功的人，成功的企业应该正是像微软公司这样，凭借着一次次的创新而取得了令人瞩目的成就。

有人说，创新是向上延展的力量；有人说，创新是挺进新时代的一张通行证；有人说，创新是一个民族甚至国家赖以生存的灵魂。说到底，创新是一种态度，是一种精神，创新成就未来。

当然，创新最离不开的，还是敢于用人、能用对人的方式方法。俗话说"得人才者得天下"，古今中外，概莫能外。尤其是随着近些年知识经济的发展，这种现象已经越来越明显。世界著名的管理咨询公司——麦肯锡公司曾经预言：整个世界将陷入一场"人才争夺战"。其中，创新人才作为现代企业最稀缺的资源受到广泛的关注。

所以，要想成为人中龙凤，要想在工作中拔得头筹，就不断地寻求创新吧！对个人来说如此，对一个团队、一家企业来说同样如此，舍经验而取创新，不仅是知识型企业的立足之本，也是新人类的生存之道。

可以说，正是因为有了创新，我们才有了今天的电脑、电话、电灯，有了越来越现代化和科学化的健康生活方式，有了社会的不断发展和进步。总而言之，在如今这个竞争日益激烈、变化越来越迅猛的时代，创新能力已经成为促进个人与企业发展的核心要素。

因此，身处职场之中的我们，要让自己充分地施展大胆创新的能力与智慧，千万不要被固有的思维定式给束缚住。只有这样，才能不断寻求解决问题的新思路和新方法，才能使执行的力度更强、更大，自身及团队的发展才会更快、更好。

主动出击，而非坐等天上掉"馅饼"

职场中，常有这样的声音进入我们的耳畔：

工作几年了，还是个小员工，我不是没努力啊，可怎么总是那么倒霉，一点好机会也遇不到？

上学时大刚比我差远了，可毕业后人家事事顺心，什么好事都让他给碰上了；

我是个天生运气差的人，这辈子恐怕没什么指望了；

我们部门的王凯，要学历没学历，要能力没能力，凭什么提升他当经理啊？

综上种种，无不是在抱怨机遇从不垂青自己，让自己始终处于小兵小卒的行列。殊不知，机会没有长腿，它当然不会找到我们，但是我们都有聪明的头脑，只有我们积极主动地去寻找它，机会才有可能像天上的馅饼一样，一下子就砸到我们的头上。

仔细分析来看，产生这样想法的职场人士有着某种基本的特性：在刚开始进入职场时，他们豪情万丈；但当参加工作久了之后，却失去了原本鲜明的棱角和个性。用一句文言文说就是"泯然众人矣"。

其实，职场就好比一个旋涡，是沉是浮取决于心态是主动的、积极的，还是被动的、消极的，要想在职场生存发展，坐以待毙不如主动出击。

如果有一天我们走在一棵苹果树下，一个大红苹果不偏不倚地砸到了我们头上，我们大多数人肯定会暗叫"倒霉"，然后恶狠狠地将它吃掉；如果有一天某人悄悄地把一颗钻石放在我们的脚边，一下子将我们绊倒，也有很多人会二话不说把绊倒自己的那东西扔出十万八千里……

其实，机会对有些人来讲，就是掉落到头上的苹果或者绊倒自己的钻石。他们并不是没有机会，而是因为当前的种种原因失去了机会，抑或根本没有看到机会。

而那些成功人士，他们不但会在机会来临的时候一把抓住，而且还会积极主动地寻找机会。而不像大多数人那样坐井观天，守株待兔。

我们来看这样一个职场案例。

从毕业到现在，于晓燕一直在这家广告公司工作。3年来，她换过好几个岗位，从做流程到做客户，从做客户到内勤。不过，于晓燕所做的大多是一些书面的、案头的工作，很琐碎，也很机械化，很多都是重复劳动。长期做这样的工作，难免会令人产生厌倦。为了不让自己产生强烈的"审美疲劳"，于晓燕便盘算着想换一个岗位。

不久之后，正好赶上公司扩大业务规模，业务部需要新的业务员，于晓燕赶快抓住这个机会，向经理提建议：与其从外面招新手，还不如让我做一个"内部调动"，这样上手也快些。

同时，于晓燕还向经理陈述了自己去做业务的两点重要优势。一是自己在公司工作了 3 年，对公司的操作流程较为熟悉；二是自己在做客户服务的时候，已经和公司的很多客户打过交道，对他们有了一定的了解。

听了于晓燕的一番话，经理觉得有道理，便打算让她试一试。就这样，于晓燕就顺利地从客户服务部调到业务部，做起了业务。面对新的工作岗位，自然有了新的挑战。于晓燕每天都得在外面跑，不断地联系客户，这样才能完成每个月的固定任务指标。虽然辛苦了很多，但是于晓燕也获得了相应的回报，她现在的工资已经不是原来的底薪加奖金了，而是底薪加提成，到月底结算工资的时候，她所领到的钱数已经是之前的两倍。为此，于晓燕觉得，能获得如此丰厚的回报，自己再辛苦也值得了。

当机会来的时候，它总是悄无声息，它不会主动跟你打招呼，我们想要抓住机会，必须像于晓燕那样敢于主动出击。

当然，仅仅会主动出击还不足以让我们牢牢抓住到手的机会。此外，我们还应做到努力工作，从点滴做起，哪怕是一件并不起眼的小事，其实这同时也是在给自己创造最好的机会。只要用心，准备好了，机会就会向我们款款走来。

从一所普通高校毕业后，索菲亚来到一家电子公司做行政部的文员。然而，令人想不到的是，长相平平，专业优势并不明显的她在短短的三年时间里，从一个小职员迅速做到销售部经理。

由于索菲亚的"飞跃"式发展，使得公司的同事们对她纷纷侧目。于是关于她升职如此之快的传闻在整个公司弥漫开来，有的人说索菲亚和公司的某个领导是亲戚，更有大多数人说索菲亚运气好，一般人可碰不到。其实，只有索菲亚自己知道，她的好运气是怎么"砸"到她的头上的。

在索菲亚的公司里，一点不乏能言善辩、八面玲珑的人。因此，本来就毫不起眼的索菲亚就更不能引起他人的注意了。但是，她总是任劳任怨、勤勤恳恳地做着自己的工作，而且还适时地给同事们帮忙。每次领导交代的任务，索菲亚都能够及时完成。有时候，还会有同事因为这样那样的原因把麻烦的工作推掉，索菲亚却总是"傻乎乎"地接过来，而且在业余时间，她还试着了解其他部门的工作流程和客户信息等情况。

有一次，市场部负责人牛经理经过行政部办公室的时候，发现索菲亚正在处理一件小事，事虽然小但是她却做得仔细而得体，牛经理很欣赏她的工作作风，经过跟她沟通，希望能把索菲亚调去自己的部门工作，索菲亚欣然答应。

进入市场部后，索菲亚令所有人都觉得诧异，一个曾经坐办公室的姑娘居然对市场了如指掌。半年后，她的几份扎实的调查分析报告更是令人对她刮目相看。一年后，她已经是市场部公认的举足轻重的人物了，看到她在会议上气定神闲、无懈可击的发言，原来行政部的同事更为惊讶。

一天，老板请索菲亚到自己的办公室，问她愿不愿接受挑战去情况不景气的销售部工作，没想到索菲亚一口答应了下来，当时同事听说了这件事都觉得她傻，好好的工作不干，偏偏接那个烂摊子，但是索菲亚不这么认为，她觉得只要努力，她就能把工作做好。

索菲亚首先选择了库存积压最厉害的北方公司，开始了她的第一步工作。在大雪纷飞的冬天，她一个人借了一辆自行车，找代理公司产品的代理商，了解产品滞销的原因。几个月后，情况就有了明显的改善。

可见，要想让自己在团队中脱颖而出，必须要把手上的工作完成得漂亮。这样，才能引起领导的注意和赏识。在此基础上，要敢于在机遇来临的时候主动出击，那么就不愁不成功了。

总而言之，在工作中能够带着万丈豪情，能够认真又勤奋地做事，是获得机会的必要条件。因为机会不会花费力气浪费在那些懒惰的人身上。机会是一种想法和观念，它只存在于那些认清机会的人心中，只存在于那些勤奋的人手中。因此，我们不必去询问领导自己有没有机会获得晋升，而应该去问那个最为清楚的人——自己。

任何一个聪明的员工，不但善于在平常的工作中寻找机会，而且还能将危机转化为自己的机会，坏事也能变成好事。其实，当工作中遇到了困难，只要我们处理得当，敢于承担责任，困难就会化身为机会。只有当我们克服了困难，为公司排忧解难，领导自然会送给我们一个机会。

拥有大智慧的员工从来不等待机会，从来不会把时间花在抬头看天等馅饼上，而是主动去寻找机会，所以他们能够被机会垂青，他们能够平步青云。

所以，不要担心没有人赏识，也不要总是抱怨怀才不遇，我们要相信"是金子总会发光"。当我们带着这样满怀的豪情，一步一个脚印地积极进取，把每一件小事都能做好的时候，那么机会很可能就会降临到我们的头上。

不断提升自我，让优秀成为习惯

我们常说起或者听别人说起这样一句话："习惯决定性格，性格决定命运。"说到底，习惯和命运有着某种必然的联系。我国著名的教育家叶圣陶说过这样一句话："什么是教育？简单一句话，就是养成良好的习惯。"而世界著名的哲学家、思想家亚里士多德也曾说过："我们每一个人都是由自己一再重复的行为所铸造的。因而优秀不是一种行为，而是一种习惯。"

因此，我们可以说，从某种程度上看，"优秀"这个词语并不是用来描述人们行为的，而是用来描述人们习惯的。所谓习惯，指的是一种常态，一种下意识，一种自动化，一种经过长期培养历练而形成的自然而然的状态，一种无须思考即可再现的回忆。它就像一个设计周密的计算机程序，已经置于大脑的肌肉中，在里面形成一种特殊的记忆。于是，这个人的一举手、一投足、一颦一笑都是其优秀的外化和证明，总会让人眼前一亮，并为之叹服。

因此，我们应该为自己注入一股坚韧顽强的力量，让自己不断得到提升。说白了，这也是一种发乎于心、用乎于己的侠气。有了这股气概，优秀就会随着我们的行为举止习惯性地散发出来。无数事实告诉我们，成功的路有千万条，成功的方法也数不胜数，但唯有一条是成功必不可少的，那就是：习惯的力量。

家喻户晓的华人首富李嘉诚我们都不陌生，但却很少有人知道，他是个从小就养成了好习惯的人。在李嘉诚的少年时代，由于家境贫困不得已而中途辍学，到一家茶楼当跑堂。为了赶在茶楼开门前为当天的工作做好充分的准备，他每天凌晨 5 点就要起来赶到茶楼去。为了防止李嘉诚去晚了，他的舅舅还送给他一个小闹钟，让他掌握好时间。

李嘉诚非常珍惜这份来之不易的工作，他把闹钟的时间特意调快了 10 分钟，这样就能早一些到茶楼来。在工作中，李嘉诚也总是勤勤恳恳、认认真真。李嘉诚的踏实肯干赢得了老板的好感和赏识。李嘉诚成了加薪最快的堂倌。

在李嘉诚此后几十年的创业中，虽然地位变了，环境变了，但他的手表永远比别人快 10 分钟的习惯却一直保持着，这已经成为了他的习惯，而这也是李嘉诚最终为人先、傲视群雄的缘由之一。

看似短短的 10 分钟，却因为长久的习惯而显得意义重大。李嘉诚的成功，除了天时地利人和的因素，更离不开的是他自身的努力。而这努力之中，就包含了类似"快 10 分钟"这样的好习惯。

有一家知名的企业，把一种好习惯或者说要求，用公司章程的形式体现了出来，其内容中有这样一条：日事日毕，日清日高。多年来，在该公司工作的每一位员工，凡事案头文件，急办的、缓办的、一般性材料摆放都是有条有理、井然有序；在临下班的时候，每个人的椅子都放得整整齐齐的。

著名英国哲学家培根曾说过："习惯真是一种顽强而巨大的力量，它可以主宰人生。"

的确，没有哪个人从一出生就注定了是成功的人。有这么一句话：伟大是熬出来的。的确，从牙牙学语到撒手人寰，偌大的空间和漫长的岁月，同样是在这个世界走了一遭，有的人进步了发展了，有的人命运坎坷不平，有的人摔倒了但很快站起来继续昂首阔步，而有的人在机遇面前则是错过了星星继而错过了月亮，总难以找到弥补的机会。

结果之所以如此不同，究其原因，还是是否具有好习惯的问题。固然人人都会有习惯，但是有的人形成的是好习惯，有的人形成的则是坏习惯。要想成为一个出色的、会做事的人，就只有持之以恒地坚持某些良好的习惯。这样，才能产生一种恒定的力量，约束负面的损害，激发积极的能量，让我们具有长久的、卓尔不群的水平。

同时，我们还要知道，真正有价值的就是把创造性思维变成习惯，如果我们能将创意、勇气和勤奋强化为习惯，那么习惯的力量将是不可估量的！

在此，我们分享一下成功者总结归纳出的一些价值连城的好习惯，你不妨静下心来研究研究。

习惯一：对自己所做的每一件事都能够清楚其目的。

虽然成功者很重视事情的结果，但他们更重视事情的目的，而只有目的清楚才更有助于达到结果并且享受过程。

习惯二：在对某件事情做决定或者对某项任务做决策的时候，要迅速果断，不要犹豫不决。之后若想改变决定，则要慎重考虑。

常有这样的现象，一些人做决定时优柔寡断，决定之后又随便改动；而成功者却不会这样，他们往往能够迅速做出决定，但决定之后不会轻易改变，即使改变也要经过深思熟虑。这是因为，成功者对于自己的价值取向和信念是非常清楚而坚定的，同时他们也能够看清事物的轻重缓急，因此能够比较系统地处理问题，而不至于留下遗憾。

习惯三：对于别人的话特别是有智慧的人的话，要用心聆听。

工作中，沟通是至关重要的一项，而倾听则又是沟通中必不可少的关键所在。所以，我们一定要做一个好的倾听者，不仅仅要听清楚对方的话，更要听明白其话里的意思。而那些聪明的人所说的话可能会"迂回"一点，所以我们就更要多用些心思，好好聆听。

具体来说，职场沟通过程中，大致需要下面两点倾听技巧：第一，让对方慢慢说完，而不要中途随意打断，否则会显得很不礼貌，给对方造成不快，同时也会扰乱对方的思路，使对方的谈话无法顺利进行；第二，把对方谈话过程中所有涉及的和自己相关的问题，都要深深记在脑海中，等对方说完之后，再阐述自己的看法，或者进行发问。

习惯四：前一天晚上都为第二天的工作安排制订切实可行的"当日计划"。

不难发现，但凡成功者，往往都很善于管理实践。他们大多有着前一天晚上或者第二天早上制订当天工作计划的习惯，并能够按照事情的轻重缓急程度来分配时间。

习惯五：俗话说"好记性不如烂笔头"，所以，我们不要完全依仗脑子来记，而应多动笔，多写工作日志。

习惯六：发掘自己的兴趣和爱好所在，尽可能朝自己喜欢的领域发展。

习惯七：业务能力和自身素质永远是职场竞争中的重要因素，所以要想成为职场"老大"，就得培养自身业务素质和业务能力，并能够把握每一个细节。

习惯八：无论是顺境还是逆境，都要拥有积极的心态，多给自己正面的暗示。

我们可以把心中的目标小声念给自己听，这样做旨在让潜意识无法判断真假，并且因此会相信它。

习惯九：做事有条不紊，懂得统筹规划。

习惯十：拥有一个好身体，让自己保持体力和充沛的精力。

习惯十一：树立为爱好或责任而工作的意识。

不把赚钱作为工作的唯一目的，而是更多地以自己的爱好或责任作为工作的动力。

习惯十二：适当做做"白日梦"，成功也能"想"出来。

当我们能够让已经达成目标的情景不断浮现在脑海中时，我们的潜意识就会引导身体做出那样的效果。

习惯十三：当面临问题的时候，不要搪塞推诿，为没有方法而寻找这样或者那样的理由，正确的做法应该是设法寻找解决问题的方法，并且相信自己，只要多思考，结果就会越接近于理想。

怎么样，看完上面这些好习惯，你是不是会有所悟？实际上，优秀是一种酵母，是一种经过培养和历练而形成的不断进取的侠气。我们一旦把它用到工作中，便会产生一种奇特的效果。

霸气不是前呼后拥，而是容纳反对意见

我们常说："忠言逆耳。"这是因为忠言往往用一种反对的方式提出来，自然是令人难以接受的。《道德经》中也说："信言不美，美言不信。"其意思是说，真实的言辞往往不华美，而华美的言辞又往往不真实。但是，正是那些不中听的言语，才往往会对我们事业的发展起到积极的作用。

那些能够取得突出成就的领导者，他们大都有一个共同的特征，就是善纳忠言，勇于接纳别人批评性的意见。这难道不是一种宽厚、仁德的胸怀吗？

我们知道，人人都爱听好话，而批评性的意见人们都不愿意听。但是，恐怕也没有人否定批评意见所带来的积极效果。对于想要成为一名合格的、优秀的团队领导的人来说，就很有必要让内心多一些虚怀若谷的侠义之气，能够接受那些有建设性的批评性意见。

邹忌是个长相英俊的小伙子，身材高挑，皮肤白净，称得上是一表人才。

有一天，他换好官服，准备上班的时候，照了照镜子，觉得自己那叫一个美啊。于是乎，他带着这份自恋来问自己的妻子："你说我和城北姓徐的那个男人比，谁更英俊？"

他妻子回答："您英俊极了，徐公怎么能比得上您呢！"原来，徐公，这个让邹忌对自己的相貌一直不那么自信的人，是齐国出名的美男子。

问完妻子，邹忌还是犯嘀咕，就又问他的妾说："我跟徐公谁漂亮？"妾说："徐公哪里比得上您呢！"第二天，有位客人从外边来，邹忌跟他坐着聊天，问他道："我和徐公谁漂亮？"客人说："徐公不如你漂亮啊。"

终于有一天，邹忌亲眼见到了让自己心心念念的这位徐公。经过一番打量，邹忌才明白，徐公比自己真是英俊太多了，简直没法比。

晚上睡觉的时候，邹忌辗转难眠，反复想着这件事。经过一番思考，他终于想明白了。原来妻子赞美自己，是因为偏爱自己；妾赞美自己，是因为害怕自己；客人赞美自己，是想要向自己求点什么。

于是，邹忌上朝廷去见齐威王，说："我确实知道我不如徐公漂亮。可是，我妻子偏爱我，我的妾怕我，我的客人有事想求我，都说我比徐公漂亮。如今齐国的国土方圆一千多里，城池有120座，王后、王妃和左右的侍从没有不偏爱大王的，朝廷上的臣子没有不害怕大王的，全国的人没有不想求得大王的恩遇的。由此看来，您受的蒙蔽一定是非常厉害的。"

从中不难看出，邹忌用一种巧妙的方式对齐威王进行劝谏，而齐威王也"乖乖就范"，采纳了他的观点。

作为一个管理者，有必要以客观的态度去对待自己所遭遇的不同意见，从中找到有利的因素，以促进工作的顺利开展。那种不善接纳谏言的管理者，只会凭一时的情绪，对批评性意见一概拒之门外，甚至还对提意见的人进行惩罚，这样非但不利于工作的开展，而且还失去了一个管理者应有的公正态度。

一个真正优秀的管理者，会以积极的态度去面对不同的意见。在他们看来，只有舍弃对自我的保护，舍弃情绪的干扰，才能将自己完全袒露于舆论和评判之中，才能寻找到最有利的观点，及时调整政策，使事情得以顺利进行。

汉高祖刘邦有一个非常突出的优点，就是善纳忠言，别人提出来的批评性意见，只要是合理的，他都能够欣然接受。

与他不同的是，西楚霸王项羽则总是摆出一副唯我独尊、舍我其谁的姿态。或许也正是因此，才造成了二人事业有成有败。

秦朝末年，刘邦率领军队攻入咸阳，推翻了秦朝的统治。看到高大雄伟、美女如云的秦宫后，刘邦心生羡慕，想全都据为己有。

这时候，一名叫樊哙的大将阻止刘邦，刘邦却显示出了不满之情。谋士张良对刘邦说道："秦王之所以不得人心，失去天下，就是因为他穷奢极侈。如果您也像他那样贪图享乐，恐怕早晚会坏大事。樊哙的话可是忠言，俗话说'忠言逆耳利于行'。所以，您还是听他的意见吧！"

听了张良的一番话，刘邦有所感触，决定采纳樊哙的意见。接着，刘邦又废除了秦朝遗留下来的苛政刑法，深得秦朝百姓的拥护。

最终能够以弱胜强，战胜项羽取得天下，和刘邦对待事情虚怀若谷的态度是密不可分的。由此可见，一个人若能接受他人的意见，即使身处困境，也会比那些不善于听取他人意见的人有更多的机会走出困境，获得不断的发展和进步。相反，如果一个人只相信自己的判断，听不进别人的好言相劝，那么即使他有再大的优势，最后也只能一步步走向衰落，甚至消亡。

事实上，对于一个公司或者团队来说，在其经营和发展的过程中，每个人都会有自己的思考和认识。这时，如果管理者能够虚怀若谷，有宽广的胸怀和气度，或许能从下属那里得到更为有利的意见和建议。何乐而不为呢？

第六章
行动要有锐气

世界上的任何一个人，都有属于自己的一条路。然而，机会是不平等的，它青睐勤奋的人、勇于争取的人、超前地多跨了一步的人。走自己的路，也许意味着你要付出更多的艰辛，要忍受更多的苦难。

言出必行，绝不随意放"空炮"

老祖宗早就给我们留下了这样的古训：君子一言，驷马难追。旨在告诫人们，说出来的话就得落实，不能反悔，也即我们现在常说的言出必行。这是一种侠义气概，也是做事的根本所在。

院子里，一群小蜗牛正在一个高高的葡萄架下唧唧喳喳地讨论。只听其中一只激情高昂地宣布："凭着我这强健的体魄，三天之内，我一定可以爬上去！"其他的蜗牛很不屑，纷纷说道："不可能！三天？没有充足的准备三个月你也未必能上去！"就这样，它们在葡萄架下争论了三天三夜，这只蜗牛最终泄气了。

在这个时候，另一只蜗牛扬扬自得地说："我已经做了周密的计划，一定能爬上去！"众蜗牛再次喝倒彩："太困难了！一路上会遇到各种挫折，你这么弱小，可能会掉下来摔死！"它们又一起深入研究了很久。这只蜗牛看着直入云霄、没有尽头的架子，怯了。终于，也放弃了。

突然，大家发现有一只小蜗牛正一声不吭地慢慢往上爬着，底下的它们大叫道："快下来！你这么弱不禁风，竟然想往上爬？实在自不量力！"小蜗牛笑着说："我只是想站高点，晒晒太阳！"于是，围观者放心地散开了。

日复一日，所有蜗牛都没去在意那只一直缓慢往上爬的小蜗牛。直到第三天，大家才猛然看见：它正端坐在架子上，心满意足地品尝着最新鲜的果实。

小蜗牛最终爬上了高高的葡萄架，而其他蜗牛却没能爬上去。难道是小蜗牛比它们更有优势吗？答案当然是否定的。它们之所以没能爬上去，是因为只顾争论，而忽略了行动。相反，小蜗牛则是避开了毫无意义的争论，把时间放在了行动上。

很多时候，花费精力去应付争论和责难，只会让我们浪费时间，消磨意志，甚至增加行动上的压力和阻力。做事靠的是手，而不是嘴。所以，与其光说不练，纸上谈兵，不如先干后说。

史丹是美国混合保险公司的创始人，在他的带领下，保险公司经营良好，日益发展壮大。史丹的成功绝不是凭借运气，而是因为他时刻记着母亲的一个行为习惯——现在就做！

妈妈身上养成的习惯，让史丹得到了很好的熏陶。在史丹还没有发迹时，一次，他突然听到这样一个消息：作为以前生意兴隆的宾夕法尼亚伤亡保险公司，现在出现了经营危机，已经停业了。该公司属于巴尔的摩商业信用公司所有，他们决定以 160 万美元收购宾夕法尼亚伤亡保险公司，以此来缓解经济压力。

听到这个消息后，史丹很是兴奋，因为他已经有了一个妙招，可以不用花一分钱，就获得这家公司。虽然他不敢保证绝对成功，但是他认为还是有希望的。于是，他在短暂的思考之后，决定马上就行动。

史丹带着自己的律师与巴尔的摩商业信用公司进行谈判。一上来，史丹就开门见山地说道："我想购买你们的保险公司。"

对方也很爽快，说道："当然没有问题，只要你拿出160万美元，我们就成交。只是请问，你有这么多钱吗？"

史丹微笑着说："我现在没有这笔钱，不过，我可以向你们借。"

对方一听，傻了，瞪大眼睛问道："你说什么？"

史丹不慌不忙，心平气和地说道："你们商业信用公司不是向外放款吗？我可以保证能够把保险公司经营好，但是我得先向你们借钱来经营才行。"

听了史丹的话，对方觉得简直是离谱，甚至荒谬。一个商业公司将自己出售出去，不但拿不到钱，而且还借钱给购买的人用作经营的费用，真是不可理喻。不过，他们也没有立马否决，之后，又经过一番调查，他们对史丹产生了兴趣。

就这样，奇迹出现了：没花一分钱，史丹就拥有了属于自己的保险公司！之后，史丹果然把公司经营得很好，成了美国著名的保险公司之一。而史丹本人，也成了一位颇负盛名的成功人士。

看起来，史丹的想法真是太"疯狂"了，简直是不可能的事！可是，我们也要看到，史丹最终成功了，对方答应了他的条件。试想，如果史丹明明有好的策略和方法，而没有立马付诸行动的话，那么也不会拿下这家公司，更不可能把公司经营得那么好了。

由此，我们可以想象一下，很多时候，我们空有挑战的决心，却没有挑战的行为。这样，到头来就只会给自己的人生留下遗憾，看着那些付诸行动的人最终获得的优良结果，也只有羡慕的分儿了。

俗话说，光说不练是个棒槌。的确，有行动的豪情才是化目标为现实的关键，才是潜在能力的引爆器。

"秀"出自己的优势，让脚跟站稳

能够游刃于鱼龙混杂、竞争激烈的社会，是每个有梦想、有追求的人美好的愿望。无论是老是幼，是男是女，都想在学业上、事业上、生活上有所建树，能够成为一个强者。

可是反观现实，能够真正实现此愿望的似乎并不太多，大多数人都是出于"尚可"、"凑合"的状态。出现这种局面的因素或许有好多，但其中有一点却是不可忽略的，那就是没有很好地找到或者发挥自己的优势。

每个人都有自己的潜能，只要能够善于挖掘，善于发现，那么就相对容易让自己如鱼得水，游刃有余。

罗晓萌刚到现在这家公司工作了半年之久，就被破格提拔为外联部的经理了。这让一些不知情的同事感到不解，他们想：罗晓萌刚来公司不过半年时间，又没听说有啥背景，怎么这么快就进入管理层了呢？

有一位和罗晓萌关系不错的同事把大家的猜测告诉了罗晓萌。她听了之后只是淡然一笑，和这位同事讲起了她曾经的经历。

上大学的时候，罗晓萌学习的是英语专业，毕业后她进入一家公司做了文秘，一干就是三年。在那家公司工作期间，经常可以接触一些社会名流。慢慢地，罗晓萌发现，原来"疏通关系"可是一门大学问。通过这几年的锤炼，她的公关能力有了很大提升。

罗晓萌觉得自己在这方面有一定的天赋，如果不充分加以利用，实在是可惜了。而在目前的单位看不到太好的发展前景，于是她毅然辞去了工作，进入了一家私营企业做公关。

进入这家公司后，罗晓萌如鱼得水，充分发挥了自己高情商的潜能，也充分施展了自己的公关能力。从开始入职时的公关经理秘书，到后来的人事部门主管，在这家公司工作的 6 年时间里，罗晓萌做得很出色。

但是，这时候她又发现问题了，因为这家企业的人事部形同虚设，由于是家族企业，所以人事任命、考核的决定权根本不在人事部门手里，而是在管理层内部。

想到这里，罗晓萌又一次萌生退意，她辞掉了令旁人羡慕的工作，来到了现在这家跨国合资企业做区域经理助理。不久后的一天，在一个接待美国投资商的宴会上，罗晓萌运用自己良好的英语交际能力和人际交往能力为公司解决了一个十分棘手的问题，这引起了公司高层的注意，于是又交给了她一些类似的工作，罗晓萌都出色地完成了。同事们这下都明白了，原来罗晓萌确实是这方面的人才啊！

看得出，故事中的罗晓萌的确是一个出色的人才。当然，这并不是说罗晓萌的才华和能力与别人相比多么的出众，而是她懂得把自己的优点和长处运用到最合适、最恰当的工作中来，懂得把自己的优势"最大化"。

试想，如果罗晓萌不能清楚地认识到自己的优势，不能打破常规勇敢地"跳槽"，那么直到现在，她可能还在那个机关或是那个私企做着平庸的工作。

以前人们总说"是金子在哪里都会发光的"、"酒香不怕巷子深"，可是放在现今社会，这个道理恐怕行不通了。就当下来说，一个人如果表现得过分谦虚，就会被认为是无能的表现。也就是说，我们要想让自己崭露头角，就一定要勇敢地把自己的优点和长处恰如其分地展现出来。简单说来，就是懂得"推销"自己。

1992 年，在华盛顿大学中文系博士毕业之后，裔锦声开始通过报纸上的招聘信息寻找工作。

这一天，她在翻阅《纽约时报》的时候看到了舒利文公司的招聘广告。可是，这家公司的要求裔锦声是达不到的，因为里面提到：求职者要有商学院学位；至少三年的金融工作或银行工作经验；能开辟亚洲地区业务。

　　尽管和要求有一定距离，但是裔锦声还是很想试一试。于是，她很快整理好个人资料给舒利文公司寄了过去。几天之后，该公司没有给裔锦声回信，裔锦声开始有些坐不住了，于是就主动联系了舒利文。不过，一连打了好几次电话，都被人家婉拒了。

　　虽然被拒绝多次，但是裔锦声毫不气馁，依然坚持每天主动与公司联系，最后发展到公司人事部门一听是她的声音，就会想方设法找各种理由婉拒。

　　无奈之下，裔锦声鼓起勇气拨通了舒利文公司总裁 Donald 的电话。在电话里，裔锦声坦言："贵公司的要求，我是有所欠缺，我没有商学院学位，也没有在金融业的工作经验，但是，我有文学博士学位，文学就是人学，长期的文学熏陶使得我非常善解人意。作为一名女性，我在读书期间，遭遇过很多歧视和困难，但是我都扛过来了，我变得越来越坚强……基于我所具备的优点，我相信贵公司会为我提供一个施展才华的平台。如果贵公司感觉在我身上投资风险太大，可以暂时不付给我佣金。"

　　听了裔锦声的话之后，Donald 总裁最终被打动，让她来公司参加面试。之后，经过七次严格的筛选，裔锦声从数百名应聘者中脱颖而出，成了面试中唯一的胜利者。

　　之所以取得这样的结果，除了裔锦声本身所具备的坚持不懈的精神之外，很大程度上还来源于她敢于亮出自己的优势，达到了"扬优补劣"的效果。正是这股惊人的勇气和与众不同的优势帮助裔锦声赢得了很好的工作机会，也伴随着她一步一步实现了非凡的梦想，取得了骄人的成就。

　　因此，在日常的工作和生活中，我们都要让自己具备勇于展现自我的自信和豪情，让自己在不断的锻炼过程中增强自信和能力。虽然在此过程中，我们的不足也会和我们的优势一样暴露无遗，但是不用怕，这是我们了解自己优势的必要途径。更重要的是，我们知道了自己存在哪些不足之后，就可以有针对性地得到纠正和改善。简单来说，或许你是一个天生的科学家，那么为什么要去学钢琴呢？又或者你身材一般，为什么非要去当模特呢？优势，一定要展现在自己最为合适的环境里。只有在这里，你才能够发出金子般的光芒。

危困之时，做那颗扭转局面的"棋子"

对于下棋有一定兴趣的人大都知道，有时候，一盘棋下着下着，眼看要输掉了，却忽然灵光一闪，发现了一颗可以挽救整个局面的棋子，于是乎，在山重水复疑无路时，忽然看到了柳暗花明又一村。

如果把企业比作一盘棋，把员工比作一枚棋子，那么当企业这盘棋处于危困之际，能有一个扭转乾坤的重要"棋子"出现，必将是老板之大幸，团队之大幸，企业之大幸。这时候，在众人看来，这颗"棋子"就是豪情万丈的"大救星"，就是壮志满怀的"活菩萨"。

明朝的史书中记载着这样一个故事，在明正统十四年（1449 年）七月，蒙古瓦剌部落首领也先率大军由边境长驱直入，明军一败再败，英宗朱祁镇在王振的怂恿下，率领 50 万大军亲征，结果英宗兵败被俘，这就是历史上著名的"土木堡之变"。

"土木堡之变"后，大明王朝风雨飘摇，局势十分危急，在国家危难关头，民族存亡的关键时刻，涌现了像于谦这样的英雄，力挽狂澜。

在当时皇帝被俘、军队伤亡过半的情况下，于谦临危受命，率兵抵御强敌，经过近一个月的艰苦奋斗，终于在极其艰苦的条件下取得了北京保卫战的胜利，从而在根本上扭转了敌强我弱的形势，得此消息，军民人心振奋。

天下安定，对于明朝来说，空前的危机终于过去了。只此一战，于谦名满天下。他处危不惊、指挥若定的气度和才能，帮助自己的祖国渡过了危机，进而也成就了自己的盖世英名。

应该说，面临危难时，能够挺身而出拯救团队的下属，定会得到领导的重视和赏识。

所以，不管企业是顺利发展还是遭遇危难，我们都不要抱着"事不关己，高高挂起"的心态。要知道，公司的老板聘请一个员工，是想他能融入到企业这个大家庭里来，企业与员工都是"一家人"，只有大家都团结尽力，那么才能众人拾柴火焰高。

在某纺织厂大院内，曾经上演过这样感人的一幕：该发工资的当日，工厂的工人们没有像往常那样领到工钱，但是他们不吵不闹，反而从自己的腰包里掏出钱来，捐给老板用。

这是怎么回事呢？

随后，纺织厂的领导说出了其中的原因。原来，由于工厂资金运转不灵，前些日子给一家供货商打了10万元的欠条。事情过后一个月，供货商忽然认为收钱无望，于是就带着很多人找了上来，从纺织厂里拖走了大批设备。

这件事发生的时候，厂里的工人们正在进行正常生产，当他们眼睁睁看着和自己相依相伴很久的车间一时间变得空荡荡的，心里很不是滋味。于是，就出现了后来的一幕，工人们自发捐钱，要赎回设备。

说到为工厂自发捐钱，一位女员工这样表示："如果纺织厂没有了，我们还怎么工作呢？我们这次拿出钱来帮厂长渡过难关，其实也是帮助自己留住饭碗。"作为带头人的厂长，在说到这件事的时候，坚定地说："工人们对我对工厂真的太好了……我一定要想办法让厂子渡过这个难关。"

和人生一样，每一个团队、每一家企业的发展都难以一帆风顺，都会遇到这样或者那样的麻烦和困境。作为企业的一员，我们要为企业着想，为领导排忧解难。或许你在公司里只是一个部门的负责人，但是面对一些突发事件时，应该从大局考虑，为公司的利益着想。毕竟自己也是企业的一员，企业发展得好，员工才能更稳定，企业遇到问题，发展状况不佳，对员工也将产生不利的影响。

这就要求我们对于工作、对于集体和团队都应该有一种责任意识。我们要告诉自己，我们所有的工作都是在为自己做，而不是以为企业、为老板工作为出发点。只有拥有主人翁的意识，才能更积极更主动更热情地去工作，才会产生更多的工作效益，也就会得到得更多。

尽己所能，全力以赴

朝九晚五，忙忙碌碌是很多都市人的工作状态。但是，从内心来讲，他们却总是处于一种"熬"的状态，从早上开始就盼着下班，从周一开始就等待周末，从元旦开始，就等待春节假期……就这样一日复一日地被"等待"牵着鼻子走，而对于工作本身呢，自然就容易抱着应付的态度，也就容易有一些工作做得勉勉强强，甚至错漏百出。

在这样的状态中，我们看不到激情壮志，看不到大义凛然，看到的只是应付了事，是唯唯诺诺。殊不知，后者是身为一个员工缺乏责任心的表现之一，本质上说它是工作中的失职。对任何人来讲，应付了事都是隐藏在通往成功道路上的一颗定时炸弹，说不定什么时候就会轰然爆炸，带来不可收拾的残局。

一位管理学大师曾经说过，只有全力以赴做事的人，才是唯一能够真正取得成就的人。换句话说，要想让自己有所成就，想让别人对自己刮目相看，那么就必须全力以赴地做事，一定要拿出百分之百的努力来付诸行动才可以。要知道，成功偏爱那些全力以赴地行动的人，胜利属于那些竭尽全力提升自己的人。

在某军队里，一位年轻的军官一直认为自己懂得很多，头脑也聪明，周围人也常常这样夸奖他。但是，有几次，他被领导叫去谈话。领导问他一些问题，每次他都被问得满头大汗。直到这时候，他才恍然大悟，原来自己并没有自己想象的懂得那么多，实际上自己才疏学浅。

谈话结束之后，领导问他："读书期间，你的成绩怎么样？"年轻军官这才骄傲地抬起头来说："报告将军，我每次都能在近千人的班级中排名到第50名左右！"

谁知道，领导听完之后，竟然皱起了眉头，板着脸对年轻军官说："你全力以赴了吗？"年轻军官心情黯淡了下来，说："实际上，并不是每一次我都全力以赴。"

领导接着问："为什么不能呢？"此时，领导的嗓门提高了些，显然有一些生气。

此时，年轻的军官犹如当头棒喝，终于让他明白了，为什么自己不是最优秀的。从那之后，每一件事他都尽自己最大的努力去做，遇到问题都能全力以赴地去解决。他暗下决心："要干就要干到最好！"在这种坚定信念的指导下，这位年轻的军官步步高升，最终成了美国总统。

如果你想把事情干到最好，就要全力以赴地去解决问题，一个人无论从事何种职业都应该全力以赴，这是我们每个人的工作原则。要想让自己在职场上有所发展，就必须全力以赴解决问题，把事情干到最好，差一点都不行。

美国国务卿科林·卢瑟·鲍威尔出身贫寒，在他年轻的时候，为了补贴家用，帮助父母减轻一些负担，他凭借自己健硕的身体，不辞辛劳地做着很多繁重的劳动。

有一年夏天，鲍威尔去一家冷饮厂做杂务，主要工作就是负责洗瓶子、擦地板、搞清洁等。面对每一项任务，鲍威尔都是毫无怨言地去干，而且都干得很好。

一次，一个工人搬运产品的时候，由于不小心，把两箱汽水给打碎了，弄得车间里全是玻璃碎片和泡沫。按常规来说，这种工作应该由打翻产品的工人来负责清理的。但是那样的话，就要让那个搬运工暂停手上的活。可是老板又想节省人工，就让干活利索的鲍威尔去做了。

当时，鲍威尔也有些气恼。不过，他又一想，自己作为清洁工，这也算是分内的事儿。所以他忍住了脾气，认认真真做了起来，把满地狼藉的脏物扫得干干净净。

让他没想到的是，一星期之后，他接到厂里的通知：他晋升为装瓶部主管了。从此，鲍威尔记住了一条真理：不管做什么都全力以赴，总会有人注意到自己的。

没错，只要全力以赴，总会有人注意到自己。鲍威尔因为一次"全力以赴"的打扫赢得了领导的器重，升任为主管。

可以说，全力以赴是一种精神，这种精神名叫"奋力向前"；全力以赴是一种信念，这种信念名叫"坚韧不拔"；全力以赴是一种品格，这种品格名叫"舍我其谁"。同时，全力以赴也是一个人披荆斩棘、功成名就的可靠保障。

所以，不管做什么事，不管我们本领的大小，我们还是倾己所能，全力以赴吧！只有这样，才能问心无愧；只有这样，才能最大化实现我们的目标和愿望。

收敛锋芒，把锐气藏于心中

如果你有一身才干，你会怎样运用它？在众人面前，你会怎样处理应对自己的情绪？

有些人可能会四处炫耀自己的聪明才干，生怕别人不知道自己有多么优秀。他们从来不隐藏自己的任何情绪，高兴时大笑，恼怒时大叫，悲伤时大哭，一点也不去考虑他人的感受。

有些人则像藏守一个天大的秘密一样隐藏着自己的聪明学识，生怕稍有显露自己的才能便会消失殆尽似的。他们总是掩饰着自己的情绪，不流露一丝自己的想法和情感。从他们一成不变的表情上，你看不到笑容也看不到愁苦，仿佛站在自己面前的是一个木头人。

还有一些人，总能根据时机与场合适时适当地隐藏或显露自己的才干，该隐藏时他们不会蠢蠢欲动、跃跃欲试，该展露时他们也绝不会犹豫不决、扭扭捏捏；他们不会肆无忌惮地发泄自己的情绪，也不会刻意地压抑自己的情感，他们总能找到平衡点，藏露有时，把握玄机。

很显然，第三类人是非常明智的。他们不像第一类人那样爱出风头，也不像第二类人那样克制压抑。这样的人从来不炫耀自己的才识，他们表面看上去憨厚愚笨，但是只要时机成熟，他们便会大刀阔斧，一显身手。

在工作中，这样的人更能受到领导的重用；在生活中，这样的人拥有更多的朋友。可见，做人做事懂得藏露有时，把握玄机，才不会被这个社会淘汰。

三国时期，群雄争霸看的是谁能够坚持长久，谁能够笑到最后，这其中性格比较急躁的诸侯，如董卓、袁术、袁绍都早早地失败了，因为他们太急功近利、锋芒毕露了，所以过早地消耗掉了实力，失去了民心。而雄霸一方的曹操却不着急称帝，刘备则更加小心潜伏着。且看一段印于历史的佳话"青梅煮酒论英雄"：

刘备归附曹操后，每日在许昌的府邸里种菜，以为韬晦。用张飞这个粗人的话讲，就是"行小人事"。刘备乃当时豪杰，虽手下将不过关张，兵不过数千，但一向"信义著于四海"，且"盖有高祖之风，英雄之器"，和刘邦一样，都不是屈居人下的将兵之才。曹操何等人物，遍识天下英雄，当然对刘备有很透彻的了解。他自然也知道，一旦羽翼丰满，刘备将是一位非常可怕的对手。这场酒局，远不是那种友朋畅叙的欢聚，分明是一场政治试探和政治表态的会面。

酒至半酣，二人遥看天上变幻的风云，好像神话中传说的盘龙一样奇妙。曹操感叹地说："龙这种东西，好比世上的英雄。使君啊，你来说说看，当今世上，有谁能够称得上英雄？"

刘备请教似的问："袁术拥有淮南，兵广粮足，算得上英雄吗？"

曹操摇了摇头。

刘备又问："荆州的刘表、益州的刘璋、江东的孙策，以及张绣、张鲁、韩遂等人，他们算得上英雄吗？"

曹操不停地摇头。

刘备仍然装作一脸不解："袁术的堂兄袁绍，虎踞河北，麾下人才济济，应该算得上一个英雄吧？"

曹操说："袁绍看上去厉害，其实胆子很小。虽然他有很多聪明的谋士，可他自己却欠缺一个领导人应有的决断能力。像他这种人啊，干起大事来总是不愿意付出，见到一点小利益却又不顾危险，不算是什么真英雄。"

刘备以上的这些回答着实高明，因为当时但凡街井小民都会如此回答。这样曹操也就认为刘备见识一般，和常人无异。

接着曹操给出了当世英雄的标准，他说："夫英雄者，胸怀大志，腹有良谋，有包藏宇宙之机，吞吐天地之志者也。"

刘备继续装痴，问道："谁能当之?"

曹操用手指向刘备，然后又指了指自己，说："今天下英雄，唯使君与操耳!"

当时天雨将至，雷声大作。刘备佯装受了惊吓的样子，筷子掉到了地上。

"一震之威，乃至于此。"曹操笑着说，"丈夫亦畏雷乎?"

刘备诚惶诚恐："圣人迅雷风烈必变，安得不畏?"于是将内心的惊惶，巧妙地掩饰过去了。

当曹操高谈阔论，眉飞色舞、肆无忌惮地抒发英雄气概之时，刘备却能寄人篱下，忍辱负重，收敛锋芒。试想这般忍辱对于一个英雄来说是需要多大的气魄啊! 由此也证明了一句话：雌伏是为了雄飞，而非隐退；沉默是为了雄辩，而非噤声；忍辱是为了雪耻，而非饮恨。

所以说，当机会不是很成熟，自己的实力还不是足够强大的时候，不要显露自己的锋芒，而应该低调一些，把锐气藏在心里就够了。

当年汉高祖刘邦问爱将韩信："爱卿看朕能带多少兵打仗?"韩信回道："皇上带兵最多也不能超过10万。"刘邦接着又问："那么爱卿你呢? 你能带多少兵?"韩信不无得意地说："我当然是多多益善啦!"且不管韩信的回答是否属实，但是他这种恃才自傲、自矜其能的态度是很难让人接受的，更何况是堂堂一国之君呢? 刘邦因此对韩信耿耿于怀，而韩信之死也与他恃才自傲的性格脱不了干系。

由此可见，韬光养晦、大智若愚才是明智的选择，更是一种不无侠义气概的处世之道。

不怕犯错，就怕不改正

俗话说，金无足赤，人无完人。世界上是不存在完美无缺的人，每个人都有不足，都有做事犯错的时候。换句话说，有时候犯错是一种必然，因为任何人都无法保证自己无所不知、无所不能，正因如此，错误才会如影随形。

坦荡的人会认识到犯错并不可怕，关键是我们要学会承认错误，并努力去改正错误。其实，正因为问题、错误在所难免，当我们取得成功之后，那种喜悦之情才会更为强烈，也才会越发珍惜成功的过程。那时候，我们会更深刻地认识到，当错误出现的时候，自己只有像一个行侠仗义的勇士一样敢于承担，及时改正，才能更好地向成功的目标靠近。

有一家知名的制药厂，虽然不大，但是纪律严格。这个工厂还有一个特点，就是很少有员工因为犯错而被解雇。

当然，这并不是因为该工厂多么"菩萨心肠"，而是得益于其管理者的及时纠正。每当错误出现在萌芽状态的时候，管理者就及时将错误的苗头扼杀掉。长此以往，就在工厂内部形成了一个良性循环。

没有规矩，不成方圆。任何一个团队、一家企业都有自己的规章制度。员工可以犯错，但是绝不可以一而再、再而三地犯错。同时，我们更要清楚的是，承认错误是一个人对集体、也是对自己负责的表现。如果犯了错依然若无其事，那么这个人一定是个缺乏责任心的人，也将无法把工作做好，更无法取得周围人的信任。

如果是一名管理者，对于下属犯错也要谨慎处理，做到小错允许犯，但不可屡犯。当发现有人犯了错，管理者要及时制止，这样不但对犯错的员工自身有帮助，而且对其他下属也会起到警示作用。团队的管理和发展就会好很多，员工们自身的发展和进步也会好很多了。

周一早上，郭楚峰刚进公司，就被杨总叫进办公室。杨总先是询问了最近一段时间客户部的业务情况。由于最近一段时间的业绩节节上升，所以郭楚峰讲得口若悬河。听完他的讲述后，杨总并没有表扬他，而是将身体向椅子上靠了靠，问起了账务的事情："小郭，上个月你们部门的费用怎么会比标准多出三千多元。"

听领导这么问，郭楚峰略微迟疑了一下，说道："没有多啊，我们完全是按照公司要求的标准接待客户的，而且都有报销单据。"杨总盯着郭楚峰看了一会儿，说道："你好好想想，是不是单据太多，你记不清了？"

郭楚峰看了看杨总，说道："那我去财务那儿查一下，可能是我记错了。"他走出了杨总办公室，并没有去财务处，而是在门外思索了一会儿，随即进入杨总的办公室承认错误。原来，郭楚峰曾经给一个大客户安排了打高尔夫、洗桑拿等活动，后来大客户临时有事就取消了，但郭楚峰要了发票，而多出来的钱，被郭楚峰装进了自己的口袋。

为什么他会主动承认错误？最初，杨总问他时，他想隐瞒一下，但他从杨总的肢体语言中看出了杨总已经对他产生了怀疑。所以，他决定主动坦白，也许杨总还可以对他宽大处理。果然，杨总鉴于他的认错态度好，只是让他交出钱，写了一篇检讨书。

虽然郭楚峰在犯错后继续隐瞒上司的做法不对，但是他能够及时承认错误也还算不错。他的及时认错让他躲过了一场办公室危机，化险为夷。

人生贵在担当，既然是自己做的，不管是多大的错误，都要敢于承担。一个有侠义之气的人，才会有这种负责任的态度，否则只会引起别人的不信任。那样一来，自己以后在周围人群中，就很可能"吃不开"了。

第七章

担责要有勇气

> 遇事就缩头，出了问题不是逃避就是将责任推给别人，这是处世之大忌。真正令人敬佩的人，都是敢于担当之人。所以，要想让自己的人生一片光明，我们必须诚实地面对自己的责任，而不要学鸵鸟一样把头埋在沙子里。

破釜沉舟的勇气，源于对梦想的承担

看看《财富名人录》，我们会发现，那些被我们当成偶像的成功人士，他们中的大多数都曾经有着相似的贫苦经历。同时也都有类似的破釜沉舟的勇气和果敢。当机会来临，他们会不顾一切去抓住它，然后通过自己的努力奋斗，一步一步实现心中的梦想，登上成功者的殿堂。

无疑，在这些人身上，必定有一股做事的果敢与决断的侠气。在奋斗的过程中，他们往往能够做到绝不给自己留退路，甚至是在逼着自己成功。在他们看来，只有这样，他们才会全身心地投入其中，尽自己的全力来创立一份属于自己的事业。

然而现实中，很多人却喜欢给自己留下一些回旋余地，让自己有"另外一种选择"，而这样的结果就是当他们遇到一些困难的时候，就选择退缩、逃避。很多时候，正是因为有这样的退路，才会诱发他们自身原本潜藏的懈怠情绪，一旦被这种情绪包围，就会放弃努力，导致最终的失败。

所以，要想真正实现梦想，就要学会自断后路，拿出破釜沉舟、勇往直前的勇气，然后让自己带着一往无前的劲头毫无顾虑地向成功迈进。

基麦克默朗是印尼的一家老牌银行。可是到了20世纪60年代时，由于管理不善，该银行陷入了困境，一度徘徊在倒闭的边缘。

为了让银行重新获得发展，其负责人来到一位名叫李文正的企业家的住所，请求李文正能够想办法筹集和投资20万美元，另外还要提供一笔额外的营业资金。

李文正听后有些动心，但是他手头上仅有2000美元的积蓄，要筹集20万美元可是件很不容易的事。

别人都以为他会推辞掉，出人预料的是，李文正却答应了下来。因为经过一番思考后，李文正认为这是创业的重大机遇，于是他当机立断，决定接受这一巨大的挑战。

可是，李文正并没有经受过任何关于银行业务的训练，要他把银行经营好，谈何容易？但是，李文正并没有拘泥于此，而是想到了一点：要想让基麦克默朗银行恢复生机，发展业务，就必须打进其他银行家根本不会想到的市场中去。

在李文正的脑海中，自行车行业是唯一熟悉的领域。雅加达的自行车业，业主大多是福建籍人。就这样，他通过自己的关系，在雅加达号召了福建籍有钱华人入股，很快就筹集到了20万美元。

将资金准备妥善之后，李文正成了这家银行的董事，并且拥有优先认购这家银行20%股份的权利。就这样，李文正开始正式踏入银行界。起初，李文正遇到了很多困难，但是他通过虚心地学习，逐渐熟悉了业务。由于他富有经营头脑，所以他在短短 3 年之内就为基麦克默朗银行创造了巨额利润。

头炮打响，李文正开始信心十足，雄心勃勃，决定再将事业扩大一下。1963 年，他接手了布安那这家即将倒闭的银行。经过一番辛苦的整顿，没过几年，布安那不仅被抢救了过来，而且还取得了良好的业绩。

接连带领两家银行从死亡的边缘重新振兴，这让李文正在银行业风生水起，事业也突飞猛进，迅速扩展。1971 年，他担任了泛印银行的执行总裁。1975 年，他又经营了中亚银行。历过 10 年的苦心经营，中亚银行变成了东南亚最大的银行之一，更是印尼最大的私人银行。

李文正的成功取决于敢为天下之先，敢做别人之所不敢做的破釜沉舟的勇气和果敢。反观现实，很多人在风险面前裹足不前，优柔寡断，其实就是因为畏惧失败带来的痛苦。而李文正却并不这样认为，他曾经说过这样一句话："你应该登上一匹好马，去捕捉另一匹更好的马。"

或许破釜沉舟、不给自己留后路不是件容易做到的事，因为它需要太多的勇气和智慧，一旦失败了，则是一败涂地，甚至永远不会再有翻身机会。

但同时我们也要看到，这时候其实也是最能够激励人、挖掘人潜能的时候。当看到机会来临，就要有这样破釜沉舟的勇气，才不至于让大好的机会白白溜走。

很长一段时间以来，苏浩面临着居无定所、食不果腹的境遇。由于事业遭受重创，作为家里唯一收入来源的苏浩已经无力支撑全家的生活费用。后来，妻子不得不走出家门，通过做一些临时工作来挣些生活费。

看到年幼的孩子和辛劳的妻子，苏浩心里很不是滋味。有一天晚上，苦闷的他去小区附近的便道上遛弯，碰巧遇到了一个发小。两个老熟人就这样聊了起来。发小听说了苏浩的悲惨境况，主动提出先借给他几千元钱帮他渡过难关。同时，发小还提醒苏浩，可以用房子来解困。

其实，苏浩也曾想过卖房子的事，但是房子是他生活中唯一的财产了，一旦把房子卖了，就等于什么也没有了。不过，为了缓解生活压力，苏浩还是参考了发小的意见。他决定，把自己这套房子以60万元卖出去，然后再去近郊花45万元买一套二手房，这样就赚到手里15万元。

有了这15万元钱，苏浩不由得兴奋了一阵。通过卖房、买房，苏浩尝到了甜头，于是又在大房换小房上面打起了主意。在近郊住了一年多以后，房子上涨了近30%，随后，他又以60万元的价格把房子卖掉。然后又利用这些钱贷款买了两套房，一套出租，一套自住。

由于其中一套房子租给了办公的小公司，所以租金要比民宅高出不少。这样一来，一套房子的租金正好够两套房子的月供。

通过这两次卖房、买房以及租房，苏浩积累了一些选房经验，也感受到做"倒爷"便可赚取可观的利润。想到这里，苏浩便开始了解房屋中介机构的运营模式，后来他自己开了一家房地产中介公司。几年后，由于生意越来越火，苏浩的房屋中介已经有了多家分店，他已经成了大老板。

在困境中，苏浩用仅有的房子作为筹码，缓解了燃眉之急。然而，通过卖房、买房让他感受到了其中的利益所在。于是，他在看准机会的情况下，带着这股一往无前的侠气，投入到房屋中介的商海之中。由此可见，成功不仅需要埋头苦干，更需要具有破釜沉舟的勇气和精神。

只有具备这样一股做事的侠气，人才会更加勤奋、更全神贯注于自己所追寻的目标，从而竭尽全力地做好一切。诚然，通往成功的路必定充满荆棘，甚至艰险，如果为自己留太多的退路，那么意味着有更多的出路，也就容易让人犹豫不决，举棋不定。相反，退路少则意味着出路少。当我们拿出破釜沉舟的勇气，那么我们就更容易在人生的轨迹上找到突破口，走向胜利。

失职不失责，敢于承担真英雄

如果我们认真留意一下，会发现在生活和工作中不乏这样一些人：他们看上去一天到晚忙忙碌碌，一副为工作、为生活尽职尽责的样子，但实际上却并不一定如他们表现得这般"良好"。因为有些时候他们把本来应该 2 小时完成的事情用半天时间来完成。

无论是生活还是工作中的任务，他们总会找各种借口，拖延逃避。这和敢于承担的侠义之气岂不是相背离吗?!

当然，也有一些人即使因为疏漏而没能把事情做好，但是他们绝不推卸责任，而是挺直肩膀勇于担当。在这些人看来，任何借口都是懦弱的表现。有时候与其找借口，还不如直接承认自己的过失和不足。

世界著名的咨询公司麦肯锡公司可以说尽人皆知。其顾问埃森·拉塞尔曾经经历过的一件事，可以充分说明敢于承担责任的重要性。

一天早上，麦肯锡的一位重头客户召开了一个重要的项目推介会。与会人员包括客户公司的项目负责人及其团队成员，还有埃森·拉塞尔等麦肯锡的几个该项目负责人。

埃森为了准备这次会议，前一天晚上一直忙到凌晨 4 点，才把需要做的准备工作做好。可想而知，他已经筋疲力尽了。

在开会过程中，疲惫不堪的埃森脑子开始抛锚了，一个劲儿想睡觉。虽然埃森可以听见大家在讨论，但话从他脑子里滑进去，就像水从小孩子的手指间流过去一样。

就在这时，埃森忽然听到项目主管说道："那么，艾森，你对苏珊的观点怎么看？"听到主管点名问自己话，埃森一下子就惊醒了。然而，一时的惊吓和害怕让他根本无法集中精力回忆刚才讨论的内容，并且实际上他也没能记住多少。

不过，由于多年以来在商学院练就的反应能力，还是让埃森快速回过神来了。只是他提出的看法是比较具有一般意义的。埃森自己也知道，他提出的看法顶多算是"马后炮"，之所以说出来，不过是让自己脸面上不那么难堪罢了。

6个星期之后，项目圆满结束了。整个团队最后一次聚餐，大家去了一家饭店，喝了很多啤酒。活动快要结束的时候，项目主管约翰开始给大家发放礼物，他的礼物都很特别，并不是什么物质性的奖励，而是一些带有幽默性质的小礼物。

轮到埃森的时候，约翰拿出来一个小画框，上面整齐地印着一句话："只管说'我不知道'。"顿时，埃森感动万分，他郑重地接过这个礼物，并把这个画框一直摆放在自己的书桌上。

没有把事情做圆满，甚至做错了，与其敷衍了事蒙混过关，还不如直接承认自己的过失。其实，那些能够实现自己的目标、取得人生和事业成功的人，不见得就具有超乎寻常的能力，而是具有超乎寻常的心态。他们无论遇到什么情况，都不会寻找借口，知道就是知道，不知道就是不知道。

所以，要想让自己发展得更好，我们就必须带着侠气去做事，停止推卸责任、应付、蒙混等想法。要知道，哪个领导都不喜欢推卸责任的员工，哪个员工也都不喜欢推卸责任的领导。

要想赢得起，得先输得起

有人说，人生就好比一盘棋局，这一刻风平浪静，下一刻暗潮汹涌；也有人说，人生好比一场考试，有的人因为金榜题名而兴奋不已，有的人因为名落孙山而暗自神伤。

总而言之，有得志，有失意。但不管是得志的人生还是失意的人生，都免不了在有些时候会遭遇失败。也就是说，失败往往是不可避免的遭遇。

但有些人却总是患得患失，就像打牌的时候谨小慎微、犹豫不决，半天不知道该如何出牌。一旦输了就闷闷不乐。这时候，不免有人在其背后嘀咕："输不起别玩嘛！"

我们的人生何尝不像打牌呢？如果我们做任何事都患得患失、害怕失败，那么，失败就越容易盯着我们不放手。因为一旦怕输，就失去了平常心。没有了平常心，又如何赢得一个成功的人生呢？

所以，我们说，要想赢得起，得先输得起，这是一种对待事物的敢作敢为、敢于担当的豪情，也是对我们的人生输赢起到关键作用的高尚品质。

在自然界中，有些动物的本性可以对"输得起"做出一个很好的诠释。比如狼群。

虽然狼群是最有效率的猎捕者，但是它们捕食的成功率也仅仅只有10%左右。也就是说，在狼群每10次的猎捕行动中，仅仅只有一次的成功机会。而这一次的成功，却关系到了整个狼群的生存问题。尽管如此，狼群面对每次没有成果的捕猎，它们并不会表现出倦怠和绝望。

每当遭遇一次失败的狩猎行动，只能磨炼狼群的技能和增加对成功的渴望，而不会消磨狼的意志。对于所犯的错误，狼绝对不会视为失败，而是很自然地把失败的经历转化为生存的智慧。

也就是说，9次毫无结果的狩猎，狼都会从中找到赢得那1次的经验和教训，而绝不会因为屡战屡败而神情沮丧、失去斗志。

狼群会在遭遇失败后很快转变思想，让自己投入到下一个新任务中去。在它们看来，每一次失败都会让自己获得不一样的经验和教训。天长日久，经过一定的磨炼，它们最终会得到新的狩猎技巧，那时候，成功便顺利降临了。

其实，最可怕的并不是失败，而是找不到或不去找失败的原因。因此，我们只有像狼群一样，在每次失败过后都找出问题、解决问题，然后充满信心地投入到下一次"狩猎"中去，这样才能更好地成长。

任何人的成功都没有秘诀可言，它只是有心人在总结失败经验和汲取教训之后自然而然结出的果实。而输赢赌的就是人们的心理，谁不怕输，谁能有一颗平常心，谁就可以赢得最终的胜利。

因此，我们要有一个"输得起"的平和的心态。要能"输得起"，输会给你带来宝贵的启示和经验。但没有人会满足于总是输，因此，我们还要能"赢得起"。人生路上，要让自己有一颗想赢的心，同时还要明白，赢是永无止境的。不要取得一点小成绩就骄傲自满、忘乎所以，这样只会导致原地踏步或再次失败。

不为冲动埋单，考虑成熟再行动

我们常说"冲动是魔鬼"，不妨仔细回顾一下，你是否有过这样的经历：因为一时冲动，控制不住自己的情绪，而向自己身边的朋友、同事或者亲人大发雷霆？做一件事情，没有弄清楚来龙去脉，没有明确目标，没有制订计划，便盲目地埋头苦干？

对于这些问题，如果你的答案是肯定的，那么请再好好想一想，自己的这些行为带来了怎样的后果呢？你的一时冲动是不是伤害了你与亲朋好友之间的感情？你的盲目行事是不是让你越来越找不着方向，甚至将事情办得越来越糟糕？而面对这种种令人不快的结果，你事后是否又深陷在无尽的懊悔之中？

可是，开弓没有回头箭，事已至此，悔恨是于事无补的。况且，世界上并没有后悔药可吃。只有汲取教训，把事情考虑成熟再采取行动，才是解决问题的根本。因为只有带着这样的侠气行事，才可以保证朝着正确的方向前进，少留遗憾、少走弯路，也才能让自己真正无怨无悔。

上帝把两群羊放在草原上，一群在东，一群在西。上帝还给羊群找了两种天敌，一种是狮子，一种是狼。接着，上帝对羊群说："如果你们选狼，就给你们一只，它可以随意咬你们。如果你们选狮子，就给你们两头，你们可以在其中任选一头，而且还可以随时更换。"

和狮子相比，狼没有那么凶猛，于是东边那群羊想都没想就选择了狼。而西边的羊群经过再三考虑后，最终选择了两头狮子，因为它们认为狮子虽然比狼凶猛，但是有两头，可以随意选择，自主权在自己手里。一开始，西边的羊群天天都要被食量惊人的狮子追杀，惊恐万分。于是羊群赶紧要求上帝换另一头狮子。

然而，另一头狮子在上帝那儿也一直没有吃东西，饥饿难耐，扑进羊群后，比前一头狮子咬得还要疯狂。看到西边羊群的遭遇，东边的羊群庆幸自己选对了天敌，并且嘲笑西边的羊群没有眼光。西边的羊群觉得这样下去不是办法，羊群迟早会被狮子吃光，于是便聚在一起商量对付狮子的策略。

最终，它们决定不再频繁地更换狮子，而是让一头狮子吃得膘肥体壮，将另一头狮子饿得骨瘦如柴，等这头瘦狮子快要饿死的时候，再让上帝更换。

这样做的好处是可以利用手上的选择权来控制狮子，占领主动地位。这头瘦狮子也比较聪明谨慎，它知道自己的命运操纵在羊群的手里，羊群随时可以把自己送到上帝那儿去，让自己饱受饥饿的煎熬，甚至可能饿死。

于是，再次到羊群中的时候，瘦狮子对羊群特别客气，只选择死羊或者病羊来吃，健康的羊则可以相安无事。西边的羊群看到这个可喜的转变后，非常高兴，甚至有几只小羊建议干脆固定要这头瘦狮子，不要那头肥狮子了。

这个建议马上被一只老羊否决了，它提醒道："瘦狮子是怕咱们送它回上帝那儿挨饿，所以才对我们这么好。万一肥狮子饿死了，我们没有了选择的余地，瘦狮子马上就会恢复它凶残的本性。"羊群觉得老羊说得有理，于是依旧按照之前的策略行事。原先那头肥狮子现在也已经饿得只剩下皮包骨了，它和之前那头瘦狮子一样深谙其中的道理。为了能在草原上待久一点，它百般讨好羊群。为羊群寻找水源和草场，甚至为了保护羊群不被前来骚扰的东边那只狼吃掉，不惜去恐吓威胁东边的狼。

就这样循环往复，西边的羊群终于在经历了重重磨难后，过上了自由幸福的生活。而东边羊群的处境却越来越糟糕，因为没有竞争对手，那只狼在羊群中肆无忌惮、胡作非为，每天都要咬死几十只羊。甚至有时候，为了讨好吃不到活羊的狮子，这只狼会从东边羊群中精挑细选出肥羊来供奉狮子。这个时候，东边的羊群才意识到自己鲁莽的选择有多么愚蠢，它们极其懊悔地说："早知道这样，我们当初还不如选两头狮子呢！"

从这则寓言故事我们可以看出，凡事深思熟虑才能既有效解决问题，又不致产生负面影响，从而使事态朝着自己预期的方向良性发展。而鲁莽行事不仅解决不了问题，而且会带来更多更大的麻烦，甚至造成"一失足成千古恨"的悲剧。

寓言中西边的羊群和两头狮子深谙其中的道理，并且付诸实践，最终谋取到了各自的可持续发展。而东边的羊群则是做事不用大脑的典型代表，它们最终不得不为自己的鲁莽选择付出沉重的代价。试想，如果西边的羊群鲁莽地选择了老狼或者采纳小羊的建议饿死那头肥狮子，如果两头狮子都只求当下的饥饱，结果又会是怎样的呢？相信西边的羊群不久就会被瘦狮子吃光，而其中一只狮子也很可能被活活的饿死。

一位作家曾经说过："在任何处境下保持从容理性的风度。心存制约，遇事三思，留有余地。让自己成为有勇有谋的人。"是的，当我们因为冲动或者无知而莽撞行事的时候，不妨停下来或者适时后退一步，静下心来冷静地想一想事情的前因后果以及对策。要知道，侠气绝不是鲁莽，更不是意气用事，而是能够放眼全局，运筹帷幄。只有这样，我们才能更好、更快地前行。

力行公道，做下属的"挡箭牌"

工作中，你可能是一名员工，也可能是一名领导，当然，更有可能，你既是上级的员工，又是下级的领导。这一节内容，我们姑且不谈你作为员工的身份，而只说作为一名领导，你该如何面对你的下属，特别是在下属办事不得力的时候。

我们知道，在社会上混迹，犯错在所难免，而纷繁复杂的职场环境就更是如此。如果员工能有一位懂得自己心理的好领导，在自己办事不得力的时候能够站出来替自己行侠仗义，做自己的挡箭牌，那么，他们自然会以更为踏实的心态、更出色的表现投入到工作中，而且还会对领导报之以感激、信任和敬佩，从而不辜负领导的一片良苦用心。

汉代的时候，有一年一伙匈奴人前来向汉朝投降。当时执政的明帝很是开心，就向尚书仆射钟离意下达命令，让他为匈奴使者准备一些绢绸。钟离意遵照皇帝的旨意，拟定好了赏赐绢绸的数量，然后交给手下一个很得力的郎官，让他去办理。

令钟离意失望的是，那个郎官居然开了小差。他想："既然人家愿意臣服于文明大汉，那么我们就要表现得更有风度一些，多赏赐人家，这才显得我们大汉天子宅心仁厚嘛！"于是，这个郎官就擅自做主，多拿了一些绢绸给匈奴的使者。

俗话说，没有不透风的墙。这件事还是被明帝知道了。谁知，明帝不但没有因此而夸奖这个郎官，反而龙颜大怒，下令要对这个擅做主张的郎官用酷刑惩戒。

就在这时，钟离意站了出来，他匆匆觐见皇上，请罪道："犯错是每个人都难以避免的事。更何况，这件事本该由我来负责，郎官的任务也是我委派的。现在出了问题，引得龙颜大怒，论罪过也该由我一人承担才是。我一向对这个郎官很放心，他尽职尽责，对国家忠心不二，这次犯错也是出于一片好心，想让匈奴感受到大汉天子对他们的仁爱之心。虽然有不当之处，还请皇上从轻发落。请皇上明断！"

钟离意这番话果然奏效，明帝听完后，不由得在心中感叹道："钟离意这般勇敢，对自己手下人爱护有加，实乃好头领啊！"想到这儿，明帝心里的怒气消失了大半。他不但没有降罪于钟离意，而且也饶恕了那位郎官。

由于得到了钟离意的袒护，那位郎官感激不尽。从那之后，他做事更加谨小慎微，对钟离意也更加言听计从。

遇到钟离意这样的领导，应该是每个下属的福气。与此同时，这样的领导也会深得下属的爱戴和信赖，而且也会让上级觉得，这样的管理者是"有两把刷子"

的。无疑，领导能为部下揽过，显然是为部下撑起了"保护伞"。这样的领导谁不喜欢呢？

敢于为下属担责的领导，能让自己和下属之间形成相互信任、相互关心、相互谅解、相互支持、配合默契的心理环境，从而给下属以信心、鼓励和宽慰，使其放下思想包袱，敢于放开手脚开展工作，与自己进退一致，为团队的发展建设创造良好的氛围。

有些时候是下属的确犯了错，而有些时候则是因为下属遭受他人暗算所致。也就是说，下属原本用心做事，却遭遇小人攻击。或者下属表现出色，却遭受他人忌妒，等等。当下属面临这样的情况，一旦得不到及时的疏解和处理，往往会心情郁闷，对人对事甚至对团队失去信心。此时，英明果敢的领导会拔刀相助，帮助下属铲除前进路上的障碍，为下属创造一个宽松的工作环境。这样的领导，不受下属爱戴才怪呢！

从一所著名高校文秘专业毕业之后，刘强考上了公务员，顺利进入了一家国企担任秘书一职。由于刘强精明干练、勤恳卖力，不但把企业上上下下打点周到，而且和一些相关单位也来往密切。

领导看在眼里，喜在心上，认为刘强是一名不可多得的秘书人才，应该得到重用才是。几年时间里，深得领导欣赏的刘强获得了两次提拔，已经从一名普通的秘书升为文秘科副科长了。

俗话说，树大招风。刘强的大红大紫开始引来一些风言风语。有人说他是某个大领导的亲戚，也有人说他利用单位给自己拉关系……这些话传到了刘强耳朵里，他虽然很是不悦，但又不好辩驳，那样只会越描越黑，甚至和同事引起纷争。所以，他开始有意识地低调行事，尽量少在一些场合出风头。慢慢地，他的士气也有所下降，工作效率也大不如前了。

对于刘强的状态和谣言的传播，他的顶头上司姜总都已有所闻、有所见。于是，他明察暗访，得知是有人从中作梗，故意伤害刘强。在一次职工大会上，姜总对那些造谣生事者进行了严厉批评，为刘强平了反。

经过这一次洗雪冤屈的会议，刘强又得以振作起来，工作效率也很快跟了上来。因为有这么好的领导，刘强心里更有底了，因此他做起事情来也更加安心了。

表现出色的员工，说不定什么时候遭到别人的忌恨和诽谤。这时候，如果领导不站出来做下属的挡箭牌，那么仅凭下属一己之力，可能很难顺利战胜猛于虎的谣言。同时，这样的领导也会失去下属的信任，对于团队发展是大为不利的。

但是，如果管理者能像故事中的姜总那样，在下属遭遇困境时，他能够仗义地站出来为下属撑腰，则会深得人心。这样的领导才是英明的领导，才能让下属死心塌地地跟在自己身边，和自己一起为整个团队全心效力。

果断放弃，也是一种担当

前些年，大江南北曾经传唱着一首歌，歌词中有一句叫作"该出手时就出手"。

诚然，在我们的思维习惯中，往往习惯于"出手"去获得眼前的利益，而很少人知道，有些时候，我们还要学会"放手"。因为果断放弃，也是一种侠气，是一种对自己行为的担当。

这时候的放手，并不是怯懦无能，更不是悲观绝望，而是另一个新的开始，也是自己生命境界的更完整的展现。因为我们放弃的是那些不切实际的空想和无法实现的目标，而不是我们为成就理想所做出的巨大的努力；我们放弃的，是那些没有价值的追求和毫无意义的索取，而不是我们应该坚持的进取心和生命力。换句话说，这时候的放手，不是放弃，而是重新梳理，重新起航。

正如一位知名企业家在被问到成功的秘诀时，他这样说道："第一要归功于坚持，第二也是坚持，第三还是坚持，第四则是果断放弃。"听者无不好奇，为什么会把放弃也看作是成功的秘诀呢？这位企业家解释说："如果你坚持了仍不成功，恐怕就是你努力的方向出了问题，或者是你的才能与成功难以匹配，这个时候，放弃比坚持更难得，也是你最明智的选择。你应当及时调整自己，寻找新方向。"

没错，正像这位企业家所说的，当我们付出了努力却没能成功，是不是有可能是自己努力的方向出了问题，如果真的"南辕北辙"了，可是怎么也到达不了终点的啊！这时候，如果还不果断放弃，就纯属和自己过不去、和成功过不去了。

当今，雨诺是一位颇有名气的作家，在她还是少女之时，就已经展现出了文学方面的天赋。而让喜欢她的读者们万万想不到的是，最开始让雨诺崭露头角的，并不是文学，而是音乐。

时间追溯到 20 世纪 90 年代中期，那时候刚刚 10 岁出头的雨诺在一次游玩过程中，看到有人吹竹笛，觉得很是好奇，甚至认为吹奏者很"牛"。于是，她就为自己买了一支竹笛，打算勤学苦练这门技艺。

果然，功夫不负有心人，经过两年多艰苦的练习，雨诺吹奏竹笛的水平已经比较高了。在一些活动中，观众们总能看到这样一个吹奏竹笛的姑娘。渐渐地，雨诺开始在十里八乡小有名气，县里的文工团知道后，还特意给她下了"邀请函"，表示希望她能加入到该组织中来。

之后的几年，雨诺一边学习文化课知识，一边经常参加文工团的演出。由于勤奋加上本身的天赋，雨诺的竹笛吹得越来越好，名气也越来越大。然而，出乎所有人预料的是，雨诺却在一次演出获奖之后，毅然放弃了文艺之路，而改为对文学的追求。

雨诺的转型让知道消息的人百思不得其解，除了父母一如既往地支持她的选择，其他亲朋好友纷纷劝阻，觉得她不该就此放弃音乐。而雨诺心里很清楚，自己当初走上文艺道路实在是有些误打误撞，而自己真正喜欢的还是文学。于是，在事业顺风顺水的时候，雨诺选择了急流勇退。

又经过多年的辛劳和磨砺，雨诺迎来了文学艺术上的巨大成就，这也让她尝到了果断放弃带来的喜悦和收获。

雨诺用果断放弃成就了自己的文学梦想，也让她圆满了自己的人生。由此可见，放弃看似让我们失去了某种东西，但同时也让我们获得了另外的东西。

事实上，成功往往就在于取舍之间。有些人看上去似乎很聪明，但由于他们对于眼前的蝇头小利太过看重，从而忽视了长远的目标。我们所说的"放弃"必定是建立在科学基础之上的，而不是盲目地放弃。当我们考虑到放弃时，首先要问问自己：到底什么才是自己所追寻的？到底哪一条路才更适合自己？当有了答案后，再做决定，这时候的放弃才是有意义的放弃，也才是能够让我们无怨无悔的放弃。

从这个角度来说，放弃是对生命的一种过滤，是对自己的重新认识和发现，是对追求方式的一次改革。这，不正是一种果敢、坦荡的侠义之气吗？事实上，这时候的放弃，无疑是帮助我们成功地跨越了生命，更好地驾驭了我们的人生。因此，当我们发现距离自己设定的目标有不可逾越的障碍的时候，当我们心中还有更切实可行的愿望等待我们去实现的时候，我们不妨咬咬牙，狠狠心，果断放弃，然后寻找另一条通向成功的道路。这又何尝不是一种对自己人生的担当，对未来生命的巨大馈赠呢？

下篇 ╱ 不忘初心，方得始终
做人要懂修心

第八章

静心，静能生慧

综观现代生活中的人们，更多的是马不停蹄地忙碌，是不安地躁动。殊不知，真正美好的人生，是需要超脱于忙碌与躁动之外的，它的名字叫"心静"。我们若能做到内心平静，一些本来会激起自己愤怒情绪的事情都会迎刃而解。

聆听生命中花开的声音

人生是一场以死亡为终点的单程旅行，使这趟旅行获得价值的，不是终点，而是过程。可太多时候人们都心浮气躁地等待着抵达终点车站，却忘了静下心来欣赏沿途的风景。

在日益繁杂的现代都市中，人都被欲望所驱使着，穿梭往来于浮生之中，忽略了生活中的美好。

我们常常说，不是我们不想过宁静的生活，而是我们所处的环境让我们别无选择地焦躁匆忙。然而古人说得好："大隐隐于市。"正是在如今这快节奏的社会，内心的宁静才更加可贵。而因为用平和安宁的心境取代了烦躁的情绪，同样的生活，便可以美好起来。

2007 年，在世界最繁华的城市，美国纽约的地铁站中，一名男子进行了 45 分钟的小提琴演奏。正是临近上班时间，来往的行人都步履匆匆。这 45 分钟的时间里，大约有 2000 名市民从他面前走过，只有六人做了短暂停留。

45 分钟后，这名男子收起小提琴离开地铁。他回到下榻的宾馆洗漱换装。几个小时后，他出现在美国最高规格的音乐厅，进行了自己的个人演奏会。

那个下午，在地铁站的 45 分钟里，他用一把价值 350 万美元的小提琴演奏了世界上最复杂的作品之一。而晚上，花了上百美元买票进场的人中，不知道是否就有当天下午从他面前匆匆走过的行人。

当记者问起他关于那个下午的演奏的原因时，他只说了一句话："我只想知道，当我们无法静下心来时，我们可能错过什么。"

同样的演奏，放在地铁站时无人问津。人们都只匆匆赶往地铁的终点——在那里，或许可以挣钱，或许可以享受。而当这演奏被搬上舞台时，人们却又趋之若鹜。

同样的音乐，同样的演绎，只是因为人们心中对于目的地的急切，使得它不值一文；而又因为在音乐厅里，人们终于可以安静地坐下，让纷扰了一天的心沉静下来，这才发现，自己在急躁的心态中忽视的，原来是这样美好的东西。

沙漠里有一支古老的游牧部落，长期迁徙，居无定所，但是多年以来他们有一个不变的神秘习俗：在赶路时，皆会竭尽所能地向前走，但每次行走两天后必定停下来休息一天。世世代代如此，从不例外。

一位考古学家不解地问部落首领："为什么你们要这样做呢?"部落首领解释

说："我们的脚步走得太快，而我们的灵魂走得太慢，走两天歇一天就是为了等我们的灵魂赶上来！"

在快节奏的现代都会中生活，我们的脚步是否都走得太快，我们的心是否都被落下太远？我们有多久没有抛开竞争的压力，工作的烦恼，生活的琐碎，以宁静的心来赏一片春色？我们因在拥堵的交通中步履维艰而烦躁难耐，却看不到此时车窗外一朵月季开得正盛；我们为了在景点前留下纪念照而不耐烦地排着长队，却忽视了那百年前留下的石墙脚下的野花离离；我们看着电视中的男欢女爱，却想不到回家时给爱人捎一朵鲜花和一个温暖的拥抱。

就这样，我们风风火火地在人生路上拼命向前，却忘了静下心来欣赏沿途风景，于是我们错过了人生中的每一个春天，每一次花开，每一个幸福的笑脸。而我们却浑浑噩噩地以为，那些传说中的美好，从未在我们的生命中降临。

静下心来，停一停，等等我们的心。听听花开的声音，看看飞鸟的身影，给爱人一点温暖，给孩子一点陪伴。这个焦躁的世界，这个繁忙的城市，都因这一点宁静，而有所不同。

世界的美好，不在于地动山摇，不在于狂风暴雨，而在于每一声清脆的鸟鸣，每一朵无声的花开。生命的价值也在于此。静下心来，才能听到春晨婉转的鸟啼，才能听到夏夜清脆的虫鸣，才能听到抚慰残荷的秋雨，亦能听到簌簌下落的冬雪。

静下心来，你会发现，这个曾让你焦头烂额的琐碎世界，原来竟是生活诗意的栖居之地。

孤独，是一种心境

中国台湾画家几米有本画册，名字很美，叫作《又寂寞，又美好》。关于寂寞而美好的画面我们可以想到多少种？也许是寒冷的季节，煮一杯热咖啡，慵懒地蜷在柔软的沙发里读一本好书；也许是夏日的午后，静静坐在公园树荫下的长椅上看一只松鼠藏起一颗刚刚找到的坚果；也许是旅行的途中，躲开那些在一个个景点之间步履匆匆的旅行团，停下脚步欣赏墙缝中开出的一朵红色虞美人；也许是持续了很久的阴雨天气终于放晴，一个人躺在阔大的草坪上看着久违的蓝天和以快得不真实的速度飞逝的流云。

这样的时刻，内心美好满足，不需与人分享。

提到独处，大多数人会不寒而栗，脑海中浮现出"形影相吊"、"孑然一身"、"举目无亲"等词语，其实这是对孤独的误解。孤独，在中国文字里的解释如下：孤是王者，独是独一无二，独一无二的王者必须接受孤独，他不需要接受任何人的认同，更不需要任何人的怜悯，王者绝对可以在平静的环境下独行。

孤独是一种心境，可以自己以平静的心面对内在的自己，不需要依赖别人。闲庭笑看花开花落一样安静，初霁独赏云卷云舒一样从容。无法独处的人，往往缺乏坚定而丰富的内心，一旦失去外部世界的喧哗，内心就只剩下清冷孤寂。其实，越是这样的人越需要独处的经验，在独处中逐渐丰富自己的内心，建立起强大坚定的内在自我。

学学《好想好想谈恋爱》里的谭艾琳吧。

谭艾琳是一个优雅清高、品位不俗、又很有才华和思想的女人，她自己开了一家书吧，供爱书之人聚会消遣，平时亦喜欢写点女性文章。一个叫伍岳峰的男人打动了她，但伍岳峰对她始终若即若离，周而复始。

无聊的假日、空旷的寓所，没有人打扰、没有人陪伴、没有人分享，但是谭艾琳却使得整个氛围发生了质的改变。悠扬的音乐，精致的菜肴，奢华的红酒，一个装扮美丽的女人坐在桌旁自斟自饮，享用所有的美味，她看起来是那么快乐和满足。一时间，倾倒众多男性观众。

在中国，能如谭艾琳这样的人太少了。我们常常因为害怕孤独宁愿选择不相投的朋友，却在相处时龃龉不断；我们因为害怕孤独一过三十就相亲结婚，却发现彼此了解不够婚后只剩相互迁就难有幸福可言；我们因为害怕孤独要求子女守在身边，却在不自觉中用我们的爱限制了他们本可能辉煌的一生。

不会享受孤独的人便无法享受幸福。因为害怕孤独，我们甚至丧失了等待幸福的勇气。于是抓住眼前可以一时驱散孤独的短暂欢愉，却在不知不觉中错过了真正的幸福。

英国女作家伍尔芙说，人要有一间完全属于自己的"屋子"。何为"自己的屋子"呢？这就是属于你自己的独立空间，在这里你有完全的支配权，它只属于你一个人，你爱怎么用就怎么用，你可以胡思乱想、为所欲为。而独处正是这样一种淡然从容的生活态度，学会独处是一种成熟，是一种理智，是一种境界。

美国著名哲学家、作家梭罗曾做过一个关于孤独生活的著名实验。

他于 1945 年至 1947 年间，独自一人在瓦尔登湖边搭了一个简陋的小木屋，并在里面生活了两年时间。他的屋内只有一张床、一张桌子、两把椅子和一个壁炉。屋中没有任何奢华的装饰，甚至没有一件多余的东西。

梭罗主动远离人群，在湖边过着离群索居的简单生活。他自己砍树建造木屋，自己捕鱼，自己猎土拨鼠、兔子和鹧鸪，自己种各种蔬菜。在劳作之余，他会独自到山林里研究辨别各种树木，还到湖边观察鸟类、鱼和昆虫。当夜幕降临后，梭罗便在自己建的小木屋中偎着壁炉阅读、思考，以及写作。

在这样的生活中，梭罗说自己感受到了上帝对于世界的恩赐。尽管孤身一人，他的内心却从未觉得寂寞难耐。相反，这样简单的独处生活让他内心更加充实，思维更加清晰。他在他的著作《瓦尔登湖》中说："我喜欢独处，我从未遇到比孤独更好的伴侣。"他选择在孤独中充盈内心，放飞灵魂，使得孤独比热闹有了更高的价值。

的确，孤独的重量，可以压垮一个人。坚强的人可以承受它，而智慧的人却能学会享受它。在社交网络、微博文化盛行的今日，我们太急于把每一点思想都拿出来展示和炫耀，可是我们有多久没有静下来听听内心的声音了。我们读别人的传记，读成功经验，我们急于咀嚼品味他人的人生，可是我们多久没有静下来梳理自己的人生了。我们需要的，就是一年里几个独处的日子，听听我们内心的声音，整理我们自己的生活。

总是感到孤独的我们，总是面带愁容的我们，不要因为一个人生活就对自己失望，活在沮丧之中。我们可以强大，可以坚硬，可以成熟，我们岿然不动地获得了韧性与力量，再也不用害怕风的摧残、雨的洗礼。其实，幸福正藏在你的抽屉里、你的鞋帽间、你的 CD 中、你的文字里。努力地用心去体会、去感受生活中的点点滴滴，打造一个属于自己的天堂，这样，你就可以找到它。正如林徽因曾说过的："红尘陌上，独自行走，绿萝拂过衣襟，青云打湿诺言。山和水可以两两相忘，日与月可以毫无瓜葛。那时候，只一个人的浮世清欢，一个人的细水长流。"

置身于孤独，远离尘嚣和喧闹，不受飞短流长所羁绊，不为名利权贵而踯躅，窗前明月，清茶一杯，好书一卷，精神如白云行空，无拘无束、自由自在，你可以感受前所未有的清静与悠然。安享每一次潮起潮落、斗转星移，每一次秋叶飘零，每一次百花竞开。

是谁打扰了你的安宁

人人都想要一帆风顺万事如意的日子，可是人生中难免有风浪。每当生活中出现了失误或者事情进展不顺利的时候，很多人出于一种"自我保护"意识，往往第一反应就是下意识地把过错归于环境和别人，却很少从自己身上找原因，结果落得怨天尤人、意气消沉，或是对他人心怀怨念，或是一味抱怨命运不公。

我们常说不是我们不想要平心静气地生活，不是我们不愿意静下心来体会世界，是因为环境不允许，是因为他人太唠叨，归根结底——"都是别人的错"。

有句话说得动人：你若盛开，清风自来。

如若你内心安宁，即使身处闹市也可"而无车马喧"；相反地，如果你内心不宁，那么你所看到的世界自然也浮躁不堪。

有个小和尚学习入定，可是每当入定不久，就感到有只大蜘蛛钻出来捣乱。他用力地挥了挥手，企图驱赶大蜘蛛，未果。于是，他便报告师父："我一心想好好入定，但是寺庙的环境很不清净，有一只大蜘蛛老是打扰我，赶也赶不走。"

"有蜘蛛干扰自然难以好好入定，不过以前倒是没有人反映过这个问题。"师父想了一会儿，"那下次入定时，你就拿支笔在手里，如果大蜘蛛再出来捣乱，你就在它的肚皮上画个圈，我们将它找出来。"

听了师父的话，小和尚准备了一支笔。

再一次入定时，大蜘蛛果然又出现了。小和尚见状，毫不客气，拿起笔来就在蜘蛛的肚皮上画了个圈圈作为标志。谁知刚一画好，大蜘蛛就销声匿迹了。没有了大蜘蛛，小和尚就可以安然入定，再无困扰了。

过了好长一段时间，小和尚出定后一看才发现，原来画在大蜘蛛肚皮上的那个圈记，就赫然在自己的肚脐眼周围。这时，小和尚才悟到，入定时的那个"破坏分子"大蜘蛛，不是来于外界，而是自己的心不静。

入定时却有一只大蜘蛛钻出来捣乱，小和尚以为是寺院的环境不清净，结果在师父的指点下，才知道蜘蛛是自己心中所念，一切皆因为自己的心不静。以为是有别人在打扰你，阻挠你的生活，静下心来好好想想，你会发现，原来除了自己，再无他人。

是我们的暴戾使我们总从他人眼中看出敌意，是我们的防范之心使我们总从他人话语中听出言外之意，是我们的浮躁焦虑使得我们面对生活时焦头烂额一团乱麻，面对世界只觉得肮脏乏味，却看不到天真无邪的孩子在同样的这个世界上是如何的欣喜若狂，陶醉其中。

所以，当生活中出现某些不愉快的问题时，不要第一时间冲动地指责或抱怨别人，让自己安静下来，多从自己身上找找原因，或许能更快地找到问题的根源，很多事情也许就变得更加容易解决，与他人也就更容易相处了。

我们常常指责他人的生活方式，却很少反观自己的评价标准；我们常常抱怨别人的不够宽容，却很少反省自己是否足够谦和；我们常常诉苦遭人误会被人苛待，却很少自省自己是否努力去进行了沟通。我们戴着有色眼镜去看别人，却埋怨别人心思不够洁净纯白。

遇到事情，不要在激愤的心情下指责，而是先静下心来自省。如此，一场矛盾在发生前就已被化解；而经过自省，知道自己的对错得失，内心于是更加清明，更加笃定。如此，你所生活的外部世界少了争吵，少了纷争，而你的内心世界又在这个过程中愈加平和安宁。在这样的良性循环中，安宁的生活以及和谐的人际关系就被建立和巩固。这样的内外统一的清净境界，又怎是他人能搅扰得了的？

我们再来看一个故事。

方佳是个 80 后的时尚女生，热情开朗，和大多数同事相处融洽，唯独对一个年长几岁的男同事能不答理就不答理。在方佳眼里，这位男同事就是一个"工作狂"，好像他是全世界最勤奋的人一样，害得别人都成了陪衬。

不久前，公司有项工作任务非常紧急，老板安排方佳和这个"冤家"合力完成。果然不出所料，这位男同事天天早出晚归加班加点，这让方佳很是受不了。为了顺利地完成工作，她努力调整自己的情绪。她想：或许问题出在我身上，是不是我工作态度太过散漫了，是不是我对工作没有多大要求……

于是，方佳也开始跟着这位男同事努力工作，还主动承担了一些较为复杂的工作。结果，两人的工作进度非常神速，还在例会上得到了老板的特意表扬。事后，方佳感慨道："要不是因为他事事争先，我们的工作进度肯定也就没有那么神速了。现在我才知道他工作卖力是因为他有上进心，这点很值得我学习。"

当和"工作狂"合作的任务落到方佳头上时，她可以选择埋怨老板，可以选择指责男同事不近人情的工作态度，可以用消极怠工来表达自己的不满——若是如此，方佳会得到什么呢？老板的冷眼，紧张的同事关系，以及糟糕的工作心情。幸而，方佳选择了最聪明的方法——静心自省，改变自己。于是，她和同事处好了关系，做出了有成效的工作，并得到了老板的肯定。

没有人是完美的，包括我们自己。以宽容自己缺点的方式来宽容别人，以要求别人的标准来要求自己。遇事时不要急于指责他人，花一点时间让心平静下来，花一点时间来自省。你会看到，你身处的世界将越来越平和，越来越友善，你的内心世界也随之会愈加安宁澄明。

你散发的美好，没有人可以夺走。

你内心的宁静，没有人可以打搅。

心有 "阿 Q"，万事皆可净

阿 Q 是鲁迅先生 1921 年发表的中篇小说《阿 Q 正传》的主人公，无论遇到多么不顺心的事，他总是有理由自己安慰自己。当人家嘲笑他贫穷时，阿 Q 往往反驳 "我们先前比你阔多啦，你算什么东西"；与人家打架吃了亏，他心里就想 "现在世界真不像样，儿子居然打起老子来了"；当他被拉去杀头时，他便觉得人生天地之间 "大约本来也未免要杀头的" ……这样，阿 Q "永远是得意的"。

阿 Q 精神，放在那个民族危难的时代确实可悲可叹。然而对于社会稳定、经济高速发展、人际关系更加微妙复杂的现代，适度的阿 Q 精神却成为了医治心理疾患的良方。如今人们面对着工作生活的巨大压力，一点点小小的不顺遂都可能造成内心压力的决口，都可能带来人与人之间的战火。这样的时候，一点 "阿 Q 精神" 可以让我们重获内心的平静，可以让我们有更平和的人际关系，而在平静的内心和平和的人际关系之中，我们生活的世界也清明起来。

心若静，万仇皆可化，万难皆可解。这样的道理并不难明白，只是我们并非完人，很容易就因为各种各样的事情心生愤懑。这样的时候，一点 "阿 Q 精神" 就成为我们抚慰内心至回归平静的法宝。

人人都明白，若失去内心的平静，做事就难免偏颇。然而，不平则鸣却也是天性使然。当觉得受了委屈、遇到不平等的待遇时，谁都难免心生不快。这不快若发泄出来，既破坏人际关系，又将更大的不快加于他人；若闷在心中，又心气难平，甚至郁郁成疾。于是，适当的 "阿 Q 精神" 就成为人际关系最好的润滑剂，成为保持内心平静的灵丹妙药。

现代的 "阿 Q 精神" 远不是过去那个自轻自贱、以丑为荣的虚幻胜利法。它包含了理解、让步、宽容等一系列健康的心理过程，并借此达到"怡然自得乐，潇洒对人生，淡泊以明志，豁达心宽容"的境界。

反观我们的生活中，多少发生过的矛盾都可以靠一点点"阿Q精神"化解。前几日新闻里看到公车上有老人和年轻人为让座问题大打出手，如果双方都有一点"阿Q精神"，老人可以把没人让座理解为"因为我看起来还不显老"，被要求让座的年轻人可以把要求自己让座想成"因为我比其他人看起来更健康"。如此，该是怎样和乐的气氛呢？

带一点"阿Q精神"，你会发现，内心重新被灌输了平静的力量，心中的怒气得到了平息，从而能够潇洒自信地避免各种不必要的冲突。

因为可以劝服自己，所以不会轻易被煽动，不会轻易发怒，不会有失公允。于是，在这个信息爆炸、流言纷飞、瞬息万变的世界，就可以守住一片宁静安定的空间，就可以守住一颗素莲般的心。

"阿Q精神"对于现代人的可贵之处，还在于一点，就是可以让我们在面对失去时更加平静。当然，若要如阿Q那样要掉脑袋都泰然处之未免有矫枉过正之嫌，然而现代人给自己加上了太多枷锁太多负担，在人生旅途中不断追求不断索取，却不会做减法，不懂得放弃，结果只能是身心俱疲。

如果能有一点"阿Q精神"，可以坦然地告诉自己，人生中有些东西就是要舍弃、要失去的，这样我们才能不在拥挤的人潮中失去平和，才能保持自己平静的步调。

一个年轻人从千里迢迢的山上来到海边。他驾一叶轻舟扬帆出海，披恶浪、战狂风，鞋子破了，手也受伤了，流血不止，嗓子因为长久地呼喊而沙哑，但还是没能到达自己的目的地。

有一天，年轻人靠岸休息时遇见了一位智者，便悉心求教："大师，我是那样的执着、坚强，长期跋涉的辛苦和疲惫难不住我，各种考验也没有能吓倒我。我已疲惫到了极点，但是为什么还到不了我心中的目的地？"

智者看了看他背后的大包裹问道："你的包裹里装的是什么？"

年轻人回答："里面有我生活必需的生活用品，有我每一次跌倒时的痛苦，每一次受伤后的哭泣，每一次孤寂时的烦恼，还有沿途获得的珍宝……靠了它，我才有勇气走到这里。"

智者听完后安详地问道："你的力气实在是太大了，你一直是扛着船在赶路吧？"

年轻人很惊讶："扛船赶路？它那么沉，我扛得动吗？"

智者微微一笑，说："你从那么远的地方，背了那么一大堆东西来，岂不是很有力？不就如同扛了船赶路吗？过河时，船是有用的，但过了河，就要放下船赶路呀，否则它会变成我们的包袱。"

听完智者的话，年轻人顿悟，他把那个包袱放了下来，顿觉心里像扔掉一块石头一样轻松，他发觉自己的步子比以前轻松、欢快了许多，目的地近在咫尺。生命原来是可以不必如此沉重的！

这正如日本政治家德川家康所说的一句话："人生不过是一场带着行李的旅行，我们只能不断地向前走。在行走的过程中，要想使自己的旅途轻松而快乐，就要懂得在沿途中抛弃一些沉重的包袱。"

就是因为我们太怕失去太怕错过，所以我们把遇到的一切都狠狠塞进我们的背包中。我们本已不堪工作的重负，却还接受周末的兼职赚一点外快；我们本已承受了经济的重压，却还要趁着折扣购买我们负担不起的大牌；我们本就感叹没空陪伴家人，却还要安排和客户的应酬……所有的利益我们一丝一毫都不愿放弃，所以我们总说"忙"，总说"不是我不想静下来享受生命，可是我哪儿有时间啊"。

其实，正是因为"忙"，才更需要静下心来，更需要来点"阿Q精神"，少加一次班，少追求一点物质，少陪一次客户，像阿Q一样坦然地告诉自己"大约本来也未免要这样的"。给自己一点空间，一点轻松的心情。

如果你希望自己的人生旅程是快乐的、轻松的，那么就应该时常静下心来，好好地整理身上的"背包"，丢弃掉那些多余的负担，放下任何"不值得"背负的东西，比如你犯过的错误，你说过的错话，那些让你愤恨的人；同时也要学会放弃一些虽然有价值、却已成为重负的东西，比如过多的额外工作，过高的物质追求，过于频繁的人际应酬。

每个人的生命负荷都是有限度的，人生道路上太沉太冗杂的行李只会将我们原本应鲜美多汁的生活压榨成一颗挤干的柠檬，只能被早早丢入垃圾箱中。而这样的人生，也只能是一场低头向前的苦役。只有适当地放下那些不值得背负的东西，才能轻装上阵，才能有余裕以一颗宁静的心去发现身边的美丽风景，才能体会到生活本应拥有的绚丽色彩。

遇到不平时，静下心来，来点"阿Q精神"让矛盾化解；背负太重时，静下心来，以阿Q式的从容抛弃负担。如此，才能在红尘之中素心若莲。

静一静心，忍一忍冲动

莫泊桑曾说过："天才，无非是长久的忍耐。"而忍耐的背后，需要的是一颗冷静而自持的内心。

帝王将相的时代过去了，卧薪尝胆似乎也成了故事里的典故。对于生活在高楼大厦的现代人来说，那些英雄忍气吞声甚至低声下气地蛰伏着等待机会并最终一飞冲天的故事似乎都太过虚幻了。

然而无论时代怎样变化，忍的智慧却从未丢失。只是在生活方式更加精细、人们的所思所想更加复杂的今日，忍让也不再只是粗线条的卑躬屈膝，也不再需要卧薪尝胆，而是成为生活中的一次冷静地解决问题，一次宽容，一个理解的微笑。

面对社会中错综复杂的关系，面对工作中无可排遣的压力，面对人际交往中不时发生的冲突误解，按一时的冲动办事非常容易，可是冲动又能解决什么问题呢？发泄过后，压力还要承担，逃避过后，现实还要面对，争吵之后，问题不会化解，人际关系却更加糟糕。

既然如此，何不静一静心，让内心的冲动冷静下来，再去理性地解决矛盾。

静，指的不只是静止，还有冷静。

心若可以静下来，多少矛盾多少冲突都可以化解，而冲突中的损失也可以避免。

冒顿是匈奴头曼单于之子。头曼单于死后，冒顿成为了部落的新首领。

冒顿即位之后，邻国东胡觉得冒顿刚刚执掌大权，地位还不稳固，就想浑水摸鱼，敲诈他一笔。

东胡王派出一个使者来到匈奴，向冒顿索要头曼单于生前所骑的千里马。

冒顿虽然年纪不大，头脑却非常灵活。他心里很清楚，自己刚刚登上单于之位，政权不稳，现在还不能与东胡王抗衡。可是如何去应对，他却陷入了沉思。于是他便召集群臣商议此事。

大臣们都说："千里马是我们匈奴国的宝物，不能给他。"众臣都怒不可遏，大有与东胡一决高下之意。只有冒顿一言不发，他静下心来想了想，然后摆摆手说："我们和东胡是邻国，往来频繁，怎么能因为一匹马而把两国的关系闹僵呢？"

于是，冒顿下令把这匹千里马送给了东胡来使。东胡使者牵着马，非常高兴地回去了。

东胡国王见状，以为冒顿果真是软弱可欺，于是野心更加膨胀。没过多久，他又派使者来到了匈奴，这一次索要的是冒顿宠爱的一名妃子。

面对东胡国王的贪得无厌，匈奴的大臣们愤怒无比，纷纷请求冒顿出兵讨伐欲壑难填的东胡国。

可是，对于东胡一而再、再而三的无理要求，冒顿却显得并不在意，他说："为了一个女子而得罪邻国，没那个必要。"于是，冒顿再次下令把自己的宠妃送给了东胡王。

经过数年的忍辱负重，冒顿的部落变得强大起来。这时他决定亲自率领军队，立刻讨伐东胡。

自从顺利得了宝马、美人，东胡王便认为冒顿是个软弱无能的人，他做梦也没想到冒顿单于竟然敢来跟自己打仗。因此，当匈奴大军突然杀过来的时候，东胡人被打了个措手不及，很快便溃不成军。

冒顿之所以能够成功，就是因为他能够冷静地克制住自己的怒气和冲动，最后厚积薄发，马到功成。

冲动，带来的只有矛盾的激化和事后的悔恨。而冷静沉着，带来的却是反思的空间，筹备的空间，和最终奋起的空间。人们常说"忍一时风平浪静，退一步海阔天空"，这句话就是要我们静一静心，忍下心中的冲动。平心静气以后，才发现那么多波折本可以避免，才发现原来是自己把自己逼进一条死胡同，一回头，便柳暗花明。

冲动时的静，不是退缩，不是逃避，不是被动的处世态度，而是以宽容和忍耐化解矛盾。静，也不是为了消极地将闷气憋在心里，而是为了海阔天空，为了以退为进，为了厚积薄发。在声色货利的面前，我们需要静下来才能控制自己的享受欲；在权力名位的面前，我们需要静下来才能控制自己的贪欲；在侮辱诽谤面前，我们需要静下来才能控制自己的报复欲。生活中总会遇到不好的事情，如果我们非要和别人厮杀一番，结局很可能就是两败俱伤。而适当地静心忍耐一下，控制自己的所作所为，往往就能春风化细雨，一切回归风平浪静。

西汉名将韩信武功盖世，称雄一时。但当他还是贫困潦倒的平民百姓时，曾经有个地痞侮辱他说："你敢杀人吗？你若敢杀人，那你就先杀我；要是不敢的话，就从我裤裆下钻过去。"面对这等奇耻大辱，韩信很想与地痞一决高下，但韩信深知"包羞忍耻是男儿"的道理，静下心来克制住了自己的冲动，硬是从地痞裤裆下钻了过去，围观的人都讥笑韩信懦弱。

就是这个不愿因冲动无故杀人而甘受胯下之辱的韩信，作为军事家为后世留下了大量的战术典故：明修栈道、暗度陈仓、夏阳偷渡、木罂渡军、背水为营、拔帜易帜、沈沙决水、半渡而击、四面楚歌、十面埋伏，等等。

试想：假如韩信一时冲动刺死了那个地痞，情况又会怎样呢？他免不了要吃官司，做一个名不见经传的枉死鬼，或者只能亡命天涯，颠沛流离，命运可能是另外一种情形。而如果没有面对胯下之辱都可以冷静对待的心理素质，韩信又怎可能在百万大军的厮杀的情势中冷静分析、运筹帷幄呢？历史也许就会重写。

冲动并不意味着勇气，冷静沉着也更不是懦弱地忍气吞声。面对内心的冲动时以冷静的心克制和约束，以获得更深远的考量与权衡。"君子所取者远，则必有所持；所就者大，则必有所忍。"只有静下心来，才能在冲动的乱象中抓到自己所真正需要的东西，才能走得更远，取得更大的成就。所谓"静能生慧"，就是这个道理。

吃亏，常可化敌为友

清代著名的书画家郑板桥的名言"吃亏是福"可谓家喻户晓。而真正面对吃亏还能守得住内心的平静，却着实是一个很大的考验。

静心，在顺遂时自然容易，而在遇到不公时，却更加重要。

在现实的生活中，总有人秉承着"人不为己，天诛地灭"的处世态度不肯吃一点亏。每当觉得自己稍遇不公，就情绪激动，轻则破口大骂，重则大打出手，将事情弄得不可收拾，让与其共事的人怨声载道，失去人气，而自己也丧失了内心的平静。而即使碍于面子不当面发怒，也往往在心中积怨，很难以平静的心情来承受偶然的不公。

然而，人生在世又怎么可能所有好事都你被一人占尽？不经历吃亏的风雨，又怎能奢求福报的彩虹？既然人人都有吃亏的时候，那么发生在自己身上时，何不以平静的心态对待？静一静心，将吃亏当成一个与人为善的机会，一个化敌为友的机会。如此，既不失内心的安宁素净，更增添了人际关系的和谐圆满，何乐而不为？

只有可以静心吃亏的人，才会有更多的回报。

卡米尔是一家汽车公司的网络编辑，她这人最害怕的就是吃亏，尤其是在工作上，做完自己的工作后，宁可坐着歇着也不肯帮帮周围忙得晕头转向的同事们，下班比谁都走得早，这让同事们很不喜欢。

有一天下午，公司要急发通告信给所有的营业处，而公司的文员又请假，所以办公室主任抽调了一些员工协助，卡米尔就在此列。卡米尔对此很不以为然，认为这不是自己的工作，做了岂不是吃亏了，便不高兴地说："凭什么要我去？再说了，我到公司来不是做套信封工作的，我不做。"

结果，主任以不遵从领导安排的理由要罚卡米尔50元，以示警戒。卡米尔哪里吃得了这种亏，便气势汹汹地和主任理论："嗨，你凭什么罚我，你是不是平时看我不顺眼呀，你要是看我不顺眼就直说。"

主任一听气就不打一处来，很认真地说："既然帮同事做一些事情，帮公司处理一些事务你都会觉得自己吃亏，那么请你另谋高就吧，我们这里不欢迎你！我想，经理也会赞同我的说法。"就这样，卡米尔失去了工作。

卡米尔的故事也许只是个例。然而在我们每个人的生活中，即使我们可以忍住发怒的冲动不去向上司诘问，可是我们能否真的对所吃的亏泰然处之？如果只是不发出来却郁结在心里，依然会影响我们的工作，我们的为人处世，我们的心情和生活质量。

因为心静，孔融可以让梨。这连孩子都耳熟能详的故事所说的道理，也无非是静下心来，站在别人的立场上想一想，便可坦然面对吃亏。只是这样简单的道理在如今浮躁的社会里似乎变得难以做到了。因为心态失去平静，每个人都努力争胜，每个人都想抢头彩，在这样争斗的焦躁心态里，"让"就被遗忘，而"吃亏"就变得似乎不可接受。殊不知，就是在这样锱铢必较之中，失去了平和的心态，失去了和谐的人际关系，也失去了幸福的感觉。

既然如此，吃亏时我们要努力让自己的心静下来，努力克制自己睚眦必报的冲动，把眼光放长远一些，暂时吃一下亏。吃亏不仅是一种聪明睿智的人生智慧，更是一种坦荡自若的做人方式。

"吃亏是福。"不能吃亏的人过于精明，锱铢必较，这种心理会束缚他的心灵自由；而吃亏换来的是心灵的平和与宁静，还可以轻松地化解人际间的摩擦和矛盾，让生活少些不必要的怨悔，这无疑是人生的幸福。

几年前，35岁的休在闹市区开了一家水果店。他的水果店的特殊之处就在于所有的水果均是全市最低价。更难得的是，虽然他的水果比别家便宜很多，但质量却一点也不差。很快，休的水果店就受到了顾客们的青睐。

而休的同行则吃了一惊，因为他们发现，休的水果竟都是零利润出售的。也就是说，休虽然看起来生意很好，但他不仅挣不到钱，每个月还要赔上房租等开销。同行都嘲笑休傻，可是休从不解释，只是继续他的水果生意。休的店成为全市最受欢迎、生意最多的水果店——只是休却挣不到钱。

就在人们认定休支持不了多久的时候，休开了第二家店，这次他转投首饰市场，并且改变了零利润的经营思路。休的新店没有让同行继续看笑话，顾客们都已习惯性地将休的商店和物美价廉联系在一起，于是，休的首饰店一开张就顾客盈门。短短几年，休已开了七八家分店。

休坦然地以吃亏为代价，才给自己打造了"物美价廉"的金字招牌，才有了日后的回报。如果当水果店亏损时休不能静心以对，急于涨价或者以次充好，那么休的店就不会有日后的辉煌。

人都是将心比心的，面对吃亏谁可以静得下心，谁才能拥有审时度势的大气，换来别人的尊敬和拥护。如此一来，很多原本困难的事也就变得容易。"人敬我一寸我敬人一丈"所说的，就是这个道理。

以平静的心，不只接纳幸运，也接纳吃亏，多一份坦然，多一份豁达。得失变幻，而内心平静如斯，如此便涤荡了心灵，从而有了一个潇洒的转身，从而有了一个更加辽阔的人生天地。

第九章
素心，淡然空灵

人性中对私利的要求而改变了自己的心境和心界，使人与人之间充满了虚伪和奸诈，最终导致人间真情的丧失，仅仅剩下对功利的追逐和虚伪的人情。超然物外，则能以超常的人格魅力摆脱世俗虚荣，保持人与人之间的真诚相处。

克服浮躁，做心淡恬静"素心人"

守一颗素心，便是要守住内心的安宁平和，要在世事变迁中不忘初心，在面对实际问题时能沉得下心，在面临诱惑挫折的时候不改本心。

而如今，人们日渐浮躁的心态使得保留一颗赤子之心更加可贵，也更加困难。

一位哲人曾经说过，干什么事都是耐不住性子、扑不下身子、坐不热凳子，浮躁是死神折磨人生命的伎俩，结果只能是失去自我、本我和真我，混淆人生方向，在无尽的忙乱中消耗宝贵的生命。

　　马剑是一位名副其实的高才生，他在国内某知名大学主修了市场营销课程，又兼修了工程管理课程，可谓是才华出众的"双料学士"。他毕业后，几乎周围所有人都看好他的未来，但事实并非如此。马剑毕业后走遍了市区的各个招聘会，想找一个中层管理者的职位，但是他没有工作经验，结果一个星期都没有找到合适的工作，看到以前那些不如自己的同学顺利上班了，他心里不免着急起来。

　　为了摆脱这个尴尬的局面，马剑不得已先找了一个简单的工作：在一家物流公司担任采购。可是，他总认为自己一个堂堂的本科生做这个工作很屈才，于是在工作中，总是抱怨这抱怨那，工作不到一个月后他就跳槽到一家私企。在这家私企，马剑如愿坐到了市场营销经理的位置，但他还是无法踏踏实实地工作，觉得这里发展空间太小，于是又跳槽了。就这样，浑浑噩噩过了一年，马剑依旧没有找到一份合适的工作。

　　俗话说"成以敬业，毁于浮躁"，成功往往不会一蹴而就，而是需要定下心性，脚踏实地地奋斗。因此，我们要想获得一定的人生成就，想实现人生的价值，就必须克服浮躁的心态，就必须保有一颗淡然恬静的素心。

　　身处喧嚣的红尘中，我们要经常静心，使自己的心态保持在明澈淡然的境界。真正沉下心来，扎扎实实地干好手头的每一项事情，也就能够保持对工作、对生活的绝对掌控，真正享受人生。

　　一个创办了一家公司坐拥百万资产的商人时常觉得生活痛苦，因此寝食不安，闷闷不乐，他觉得等将来更有钱了，一切就好了。

　　一天，商人去乡下旅游，他看到一家做豆腐的穷夫妇，他们穷得只剩下光秃秃的四面墙了，每天需要从早忙到晚，不停地做豆腐、卖豆腐，但是他们脸上常常挂着微笑，孩子们也在笑声中玩耍，皆没有因为家境贫寒而闷闷不乐。

　　商人很奇怪，不解地问："你们这么穷，为何看起来这么幸福?"这个女人放下手中的活，回答道："我们是没钱，但我们一家人可以整天在一起劳动，父老乡亲可以享受我们的美味食品，我们又可以交到很多的朋友，为什么不幸福呢?"

商人怔住了，突然想起自己最初白手起家时的梦想：可以在陪伴爱人孩子的时候，不会因为突然想起要交房租而备感压力。如今，他早已不会像那时那样为账单发愁了，但他一心扑在事业上，却很久没有好好陪陪家人了。这份最初的心愿早被遗忘了。

这次旅游之后，商人便将自己公司的股份卖出一半，把更多的时间放在家里，和家人一起享受生活。在创业二十年后，商人第一次真正感到了生活的幸福。

一个人若能有一颗安宁恬然的心，在浮躁世间不改初心，即使清贫，听着风声也可以感受到幸福。孔子曾经夸赞他最疼爱的弟子颜回："贤者回也，一箪食，一瓢饮，在陋巷，人不堪其忧，回也不改其乐。"住在一个破烂的小地方，厨房里只剩下一小筐粮食，一小勺水，别人都忧虑得焦头烂额了，颜回仍然不改其乐，无疑他是幸福的。而一个人若心浮气躁，即使守得千金，也只能在想要更多和害怕失去之间痛苦摇摆。

"非淡泊无以明志，非宁静无以致远。"只有守住一颗素莲般的心，告别情绪上的浮躁，才能回归平静而真实的内心，才可以不为外界纷争所扰，客观审视自己，确定人生的罗盘，树立起正确的生活态度，并扬帆驶向辉煌和幸福的未来。

远离诱惑侵扰，不做欲望的奴隶

桃花源的宁静生活是多少中国人心中的向往。可是现实中，每个人却都忙得焦头烂额步履匆匆。"忙"，成为人们口中最常用的借口，因为忙，顾不上休闲，因为忙，顾不上和亲人沟通，因为忙，没有时间静下来欣赏一朵花开。

静下心来，端详世界。多么简单美好的心意，却因为"忙"而无从实现。

我们忙着追求各种诱惑，就在这诱惑的"忙"中，我们早已不自知地成为了欲望的奴隶。

诚然，诱惑和欲望都是必要的。如果人没有欲望，那么花园不会再被浇灌，公园不会再有欢声，果实也不再甜美芬芳。正是因为我们有那么多的欲望——对美的欲望，对快乐的欲望，对食物的欲望，才有了这个斑斓世界。然而欲望一旦扩展，当每一朵花都被标明价格，当公园每一寸土地另收门票，当果实被各种化学药剂催熟催大，所有的美好，便也都荡然无存了。

一颗淡然的素心像是清凉的琉璃，诱惑投在里面，安安稳稳，不膨胀，不倾覆，那么诱惑便可以是种出美好世界的种子。而一颗急功近利丧失平和的心，便如易燃的木材，会轻易被欲望吞噬。

一颗心恬然与否，是决定诱惑带来的是成功还是噩梦的关键。

有一家公司，在城市偏僻的地方买了一块地皮，由于价格低廉，公司老板非常满意。

老板买完地皮之后就开始投资建造一座豆奶加工厂，他认为这是一个低投入高回报的行业，自己一定能成功。但是事与愿违，公司从兴建伊始就开始亏损，远没有当初计划得那么好。但是公司老板不愿意放弃，继续投入了几十万资金，他相信，过不了多久，公司就会峰回路转，实现预计的盈利目标，可没想到几十万又打了水漂。

老板认为是公司设备不够先进，影响了生产效率和质量，又投入了80万元引进了德国的高端生产设备，但是理想和现实有巨大的差距，公司仍然在亏损。

豆奶市场在当地已经很饱和了，而他的公司又是一家新兴公司，根本没有品牌竞争力。但是公司已经投入了100多万元，管理者想要放弃，却又不甘心自己的努力付诸东流，于是又投入了300万元，希望可以置之死地而后生，但是投资依然是泥牛入海，一点成效都没有……

最后，老板为了豆奶公司倾家荡产，没有赚到一分钱，令人扼腕叹息。

诱惑攀升的时候，我们要做的是冷静下来，及时给自己降温。这样，我们才能保持冷静，才能定力非凡地去处理棘手的事情。

都说欲望如火，心若定，欲望之火就是灯罩中的烛光，带来温暖，带来光明，照亮希望。心若不静，人就被欲望所驱使，火光再也不能只被限制在灯罩之中，而是漫上墙壁，漫上身躯，将我们变成欲望的奴隶。

在这一点上，中国民族英雄林则徐做得非常好。林则徐以淡然的心来对待各种诱惑，所以能光明磊落、清正廉洁。"海纳百川，有容乃大；壁立千仞，无欲则刚。"与其说这是林则徐书写的一副对联，不如说是他本人的真实写照：他不为外物所诱惑，不为浮云遮双眼，从而获得了一种超然物外的自在与宁静。

林则徐所处时代正值清朝开始走向衰落风雨飘摇的多事之秋，官场十分腐败，"三年清知府，十万雪花银"乃真实写照。在风气不正、腐败现象包围的情况下，林则徐正气凛然，执法严明，对腐败深恶痛绝，他屡次论斥权幸大臣，严厉打击邪恶势力，皇亲国戚、佞臣奸党无不惧怕。林则徐每到一任，贪官污吏心惊胆寒，土豪恶霸威势顿挫，穷苦百姓欢欣鼓舞。特别是公元 1839 年，林则徐抗英禁烟。外国烟贩和勾结他们的洋行商人起初并没有把林则徐的到来放在心上。可这一回他们并没有如愿。林则徐大举没收鸦片，并亲自监督鸦片的销毁。

林则徐为何能如此"刚"呢？说到底，这要源于他的"无欲"。他克己奉公，两袖清风，"宁可清贫自乐，不作浊富多忧"。为官几十年，他一日三餐只吃"落斛粥"（次米熬成的粥），一切唯温饱能居而已；外任时不吃沿途州府官吏为其安排的饮食，认为当官必须坚决杜绝私欲。林则徐从无他求，从无他欲，"不作浊富"，没有任何的私心，因此才一身正气，不畏权贵，不怕丢官，不怕杀头，刚正不阿，挺立世间。

心淡如菊，不是一无所求——这是林则徐对清廉、对公理、对正义的追求才可以做到如此刚直不阿。内心的平静，指的是不贪多，不妄求。"无欲自然心似水"，这是古人总结出的人生哲理。而无欲带来的，是平和的、让浮躁的心在面对纷繁的诱惑时可以静下来的空间。这是思悟后的清醒，更是超越世俗的大智慧。

面临五彩缤纷的诱惑时，只有以一颗平常心，剥开欲望外壳花花绿绿的美丽包装，才能够守住自己的内心。《菜根谭》对人生之"欲"有过这样的精辟论述："人生只为欲字所累，便如马如牛，听人羁络；为鹰为犬，任物鞭笞。若果一念清明，淡然无欲，天地也不能转动我，鬼神也不能役使我，况一切区区事物乎！"而所谓"一念清明"，便是一颗宁静的心。而守得住内心的宁静，才可以在面对诱惑时坦然处之。

用淡定的心"驾驭"生活的路

生活，看似宏大的命题，其实总结起来不过甜与酸，苦与乐。驾驭生活，就是要学会享受甜，承担苦。人们很容易在乐中忘乎所以，又在苦中自暴自弃——这样的生活态度，势必无法带来成功和幸福的人生。只有在成败之中保持内心的从容淡定，以一颗恬然空灵的心来面对一切，才能不被情绪左右，在人生的大道上笔直向前。

谁都愿意生活在甜蜜之中，但是，生活有甘甜就有雨露，有快乐就有忧愁，生活对辩证法有了最完美的解释。它赐予我们的总是亦甜亦苦，苦中有乐，乐里有苦，每一个人都不例外。

既然如此，我们应该淡然地面对人生的苦乐，快乐时无须大喜大乐，欣喜若狂，因为快乐的长度并不长；痛苦时亦无须大悲大痛，痛苦不堪，因为痛苦的长度也不长。"祸兮福之所倚，福兮祸之所伏。"这一次的幸运，谁知是否是苦难的陷阱？这一次的苦难，谁又敢说不是日后成功的敲门砖？

有这样一个小和尚，刚出家的时候被住持安排做行脚僧。小和尚每天都下山化缘，回来还要念诗诵经，自是辛苦劳累。一年多过去了，小和尚觉得自己太辛苦了，便在一天偷起懒来，躲在房间里睡大觉。

不料，住持发现了这件事情。小和尚一开始有些害怕受到住持的责骂，但事到如此，他顿了顿情绪，决定将自己的委屈说出来："我刚剃度一年多，就穿烂了这么多的鞋子，可是别人一年一双瓦鞋都穿不破！"

住持没有责骂小和尚，而是微微一笑，说："昨天下了一夜的雨，我们到外面去走走吧！"于是，两人一同走到了寺庙的前面，停下脚步，眼前是一段黄土坡，路面在昨夜雨水的浸泡下显得泥泞不堪。

住持摸了一下花白的胡须，问道："你昨天下山去化缘，是不是在这条路上走过？"

小和尚回答说："嗯，是的！"

住持接着又问："那你还能找到自己的脚印吗？"

小和尚挠了挠脑袋说："不能，昨天白天没有下过雨，这条路又干又硬。"

住持说："要是今天我们在这条路上走一趟，你能找到你的脚印吗？"

小和尚回答："呵呵，当然能了！"

住持听后，拍了拍小和尚的肩膀，说道："踩在泥泞的地面上，才能留下无法磨灭的足迹。世上所有的事情都一样啊！你要想成为一个有大境界、大作为的大师，就要比别人多吃一些苦。"

小和尚听后，恍然大悟。从此，他不再喊苦喊累，辛劳地下山化缘，认真地念诗诵经，最终他成为了一名很有造诣的大师，在传播佛教与盛唐文化上做出了很大的历史功绩。他，就是唐代著名的鉴真大师。

正如硬币的两面一样，快乐和痛苦是相伴而生的，它们经常交替或交织地存在于人们的感受之中。用超然的心态看待苦乐年华，以平和的心境迎接一切挑战，这是一种宠辱不惊、能屈能伸的弹性，而这种弹性往往会使祸患离身，福泽绵长，缔造沉静而安然、充实而辉煌的人生。

淡定的人生态度，不只让我们获得看淡成败的超然，也让我们在面对挑战时更加从容，从而更加自信，更易成功。

常听说这样的例子，有学子寒窗十年，却在高考时因为患得患失过分紧张而发挥失常。而轻松地把高考看成一次普通考试的学生，却可以超水平发挥。正是因为心态的不同，紧张的心态让人难以专注，而淡然的心态却可以让人自如发挥。

一位茶师被告之将随主人远行一趟，为预防遇到坏人侵扰，不会武艺的茶师穿了一身武士服。谁知，刚走到闹市上就遇到了一个武士，武士热情地和茶师切磋武艺。得知茶师根本不会武术后，他气愤地说："你有辱我们武士的尊严！给你一些准备时间，今天下午到城墙来受死吧。"

茶师吓得战战兢兢，紧张得要命，但深知躲是躲不过去了，便直奔城里最著名的大武馆，拜倒在武师面前，把与武士相遇的情形复述了一遍，求武师教给自己一种作为武士的最体面的死法，好让自己死得有尊严一点。

武师说："那好吧，你就为我泡一遍茶，然后我再告诉你办法。"

"这可能是我在这个世界上泡的最后一遍茶了。"茶师很是伤感，于是，他做得特别用心，很从容地看着山泉水在小炉上烧开，然后把茶叶放进去，洗茶，滤茶，再一点一点地把茶倒出来，捧给武师。

武师一直看着他泡茶的整个过程，他品了一口茶说："这是我有生以来喝到的最好的茶了，我可以告诉你，你已经不必死了。其实，我不用教你什么方法，你只要记住用泡茶的心态去面对那个武士就行了。"

茶师拜谢过武师后，前往赴约。那名武士已经在那儿等了，气势汹汹地看着茶师。茶师一直想着武师的话，只见他微笑地看着武士，然后从容地解开宽松的外衣，一点一点叠好，又拿出绑带，把里面的衣服袖口扎紧，然后把裤腿扎紧……他从头到脚不慌不忙地装束自己，一直气定神闲。

茶师的眼神和笑容让武士越看越紧张，越看越恍惚，越来越心虚。等到茶师全都装束停当，正准备拔剑时，只见武士"扑通"一声就给他跪下了，说："求您饶命，您是我这辈子见过的最会武功的人。"

不会武艺又手无缚鸡之力的茶师的从容、笃定的气势，彰显了退敌无数、自信满满的状态，结果做到了"不战而屈人之兵"。这个故事启迪我们，有些时候，拥有一份安宁祥和的心境甚至远比许多外在的修炼更为重要。

人生不如意事常十之八九，面对一些突发事情时，一味地消沉或是一味地惊慌都于事无补。唯有以一颗从容淡定的心来冷静面对，才能理性地分析当前的困境，才能得出解决方案，最终从逆境中站起来。

面对人生的起伏悲欢，练就一份波澜不惊的淡定，方能理性看待世事，方能理性看待自己，方能让自己不因为生活的一时波澜而乱了方寸，最终以柔制刚，克敌制胜，驾驭生活。

跳出成功的"躯壳"看自己

在逆境中保持平常心态固然不易，而在功成名就之后，面对着令人陶醉的鲜花、掌声、赞美依然保持内心的平静更为不易。

没有人不欢迎成功的到来。但是成功之时往往也是最危险之时。这正如一句名言所说："人生最关键处往往只有几步，稍一不慎重就会走岔了路。而人生一世，最得意之事莫过于功成名就，这是至关重要的岔口。"

这是因为，人性中有这样一种弱点：就像孔雀喜欢炫耀美丽的羽毛一样，一旦在某一方面取得了巨大的成功，便忍不住要拿出来展示，于是就容易失去平常心，而失去内心的和平淡然，就容易变得浮躁起来，甚至忘了自己是谁，以至于做出一些愚蠢的事情。想来，人生遗憾之事，莫过于此。

修心，留得从容淡然，不只为了面对挫折，也为了面对荣耀。

职场中很多聪明能干的才子佳人，一朝得意最终失败，致命原因通常是性格过于张扬霸道，恃才傲物。结果，自以为"鹤立鸡群"而沾沾自喜，却不想成为众矢之的，结果便是既失去了良好的人际关系，又因为缺乏团队合作精神而难以取得成功。

Eely 是一所名牌大学中文系的毕业生。文采出众，再加上她精力充沛，很顺利地谋得一家报社的工作。因为能力强，领导交代的任务每一次她都能出色地完成。因此，Eely 总是将自己视为公司最有才能的人。

当别人的工作出现问题时，Eely 总会用夸张的语气说道："不会吧，一篇社会新闻都写不好？"当别人指出她的方案有问题时，她第一个反应是："那也没办法呀！谁让你们提不出比我更好的办法。"

日子一久，谁都不愿意和 Eely 一起工作了。Eely 也意识到自己的孤立状态，可她认为问题不在自己身上，是同事太忌妒自己的才能，才要尽量远离自己的。可是几年下来，眼看身边的同事一个个升了职，只有自己还是当初进入报社时的那个职位，Eely 不明白，为什么明明自己能力出众，却始终得不到领导的器重呢？

Eely 自以为才高八斗，无人可比。可是因为太过骄傲，对同事总是带着轻蔑的态度，所以自然被众人所孤立。领导自然明白，无法与同事和睦相处的 Eely，即使才华再高，也无法给她升职让她来管理别人，否则只会造成更多的矛盾。所以，Eely 就只能在她原本的职位上来发挥她的才能。

卡耐基就曾指出："如果我们只是要在别人面前炫耀自己，使别人对我们感兴趣，我们将永远不会有许多真实而诚挚的朋友。"因此，如果你想要避免人生遭受挫折的命运，就要学着让自己对于自己的才华也好，成就也罢，都保持一颗淡然恬静的平常心。只有平和之心，才能除去狂妄之气。

是金子总会发光。就像山从不解释自己的高度，但并不影响它耸立云端；海从不解释自己的广度，但并不影响它容纳百川；大地亦从不解释自己的厚度，但万物皆靠它负载才得以立足。

那些在成功之时能够保持自制、不慌不忙、沉着冷静的人，多能认识到这些成功微不足道，进而正确地判断局势，做出正确的决定。如此，便是恒久和坚实的，也是撑他们走向成功之路最大的力量。

班克·海德是一位资深的女演员，她兢兢业业，演技精湛，为人谦虚。尽管年华逝去，她凭借自己的努力依然是演艺界众所瞩目的焦点，亦是新秀们竞相比较的对象。

有一次，当班克·海德在纽约百老汇演戏的时候，一位很有发展前途的年轻女演员极其傲慢地对众人说："班克·海德实在没有什么了不起的，我随时可以抢她的戏，这个世界已经不属于她了。"

班克·海德听后轻轻地笑了笑，对这个年轻女演员说："我的确没有什么了不起，不过说句不谦虚的话，我不在台上，也可以抢了你的戏。你要是不相信的话，我们不妨就在今天晚上的演出见吧！"

当天晚上，大家都很兴奋，准备看两个优秀的演员如何飙戏。那名女演员身穿华丽的衣服，正在用夸张的语言、动作，演出一段电话对话，而班克·海德则表演了一段饮香槟的内容，然后把高脚杯放在桌边上随即下场。高脚酒杯有一半露在桌外，随时都可能掉下来，观众既担心又紧张地盯着高脚杯，期待班克·海德快点出来将高脚杯放好，但班克·海德始终没有出现。那位年轻的女演员使出了浑身解数，也无法把观众的注意力吸引过来，她只好在观众心不在焉的表情下演完这场戏。

为什么高脚杯没从桌边掉下来呢？原来，班克·海德退场前用透明胶布把高脚杯粘在了桌边上。

不用说，这场演出班克·海德大出了风头。

班克·海德并没有四处张扬自己的才华，她只是聪明地使用了一块透明胶布就将自己的才智展示于人，这种境界和那种四处宣称自己可以抢戏的年轻女演员显然不是一个档次。

才华有助于一个人成就事业、创造辉煌。而守住这样的事业和辉煌，就需要一颗坚定而从容的平常心。如果成功就沾沾自喜，从此不可一世，便迟早要为这愚蠢的骄傲付出代价。

一颗安之若素的平常心是成功的"试金石"，是成功的必要因素。当手捧花环、万人簇拥的时候，跳出成功的"躯壳"，冷静地看待自己，越是成功越要冷静，这将有力地促使我们去追求更大的成功，最终取得无人能及的辉煌成就。

做一个空杯子，人生就永远是新开始

古人云，满招损，谦受益。

任何事情，一旦达到"满"的状态，便只能逐步走向衰败，月圆月缺如此，花开花落如此，人事更新亦如此。一个人，往往在无所成时谦虚谨慎，虚怀若谷，对各种意见都能听取，从而博采众长，取得进步；而有所成就后，就难免骄傲自满，一旦"满"的情绪出现，就再难有所长进，只能在故步自封中退步。

现实生活中，我们常常能看到这样的现象：有的人曾经很优秀、很杰出，却在众人的交口称赞中逐渐隐灭了光芒；有的人曾经走上了巅峰，却在急流勇退后无所适从，找不到自己的坐标从而闷闷不乐。

这是因为，他们用昨日的酒填满了今日的酒杯。因为昨日的辉煌，使今日的自己失却了长久以来的赤子之心，素兰之心。

人生起伏涨落，一颗淡然的心，就是要我们可以将昨日的无论辉煌失败，都能从生命的酒杯里倒出，以一贯的平和宁静来面对新的一天。

因此，我们需要静下心来，培养一种"空杯心态"。"空杯心态"的含义，即一个装满水的杯子很难接纳新东西，如果想获得某方面的进步，需要先把自己想象成"一个空着的杯子"，而不是一个装满水的杯子。

很久以前，一个小有成就但心气颇高的年轻人去一个寺庙拜访一位德高望重的老禅师。当老禅师接待他时，年轻人自认为自己各方面的造诣很深，言谈之间自然流露出了对大师的傲慢无礼。

老禅师轻轻地笑了笑，但他还是殷切地给年轻人倒茶水喝。可是在倒水时，杯子明明已经满了，老禅师依然不停地往里面倒水，结果自然是水流了一地。年轻人在一旁，喊道："大师，杯子里的水已经满了，您为什么还要往里倒水呢？"

老禅师由此说出禅机："是啊，既然杯子已经满了，水怎么还能倒得进去呢"？禅师的言外之意是，既然你已经很有学问了，为什么还要到我这里来求教呢？

听罢，年轻人大悟，深刻认识到，大圆满还需要拥有"空杯心态"。

空杯心态是一种从头再来的勇气，一种告别昨日的豁达，一种卸下光环的从容。无论成就也好，苦难也罢，都可以以宽广的胸怀、淡然的心态接纳并放下。

空杯心态是一种不忘初心回归初心的境界，一种不以物喜，不以己悲的人生哲学。

空杯心态看似是一无所有，实际上却是更广阔的拥有，因为它赢得了可以无限发展的空间，正如一张白纸最大的优势是它的空白，有最大的自由让人去描绘，从而可以画出最新、最美的图画。

正如球王贝利，他进过 1000 个精妙绝伦的进球，可是当记者问他最喜欢哪一个时，他的答案永远是："下一个。"

一个人拥有空杯心态的时候，他就具有了无限可能。他不会被昨日的挫折所打倒，也不会被昨日的成就所掩盖。他可以虚怀若谷地接受一切新的观点、新的知识，并时刻保持着对生活的热爱和赤子之心，以乐观的态度去应对新的机遇和挑战。

卡伦·休斯女士，2005 年 9 月就任美国副国务卿，她是小布什从老家得克萨斯州带到华盛顿的"圈内人"，入主白宫总统专门为她创设了一个独一无二的职位——"总统顾问"，她为总统鞍前马后效力多年，媒体称她为美国"海外形象大使"。

解职后，很多人以为卡伦·休斯会在政府任正副部长不相上下的职务，岂料她竟到外地一所不起眼的幼儿园当教师了。"沦落到当幼儿园阿姨的地步，太失面子了"、"堂堂副国务卿居然能接受这种人生起落，这太不可思议了"……

对于人们各种各样的评论，卡伦·休斯解释道："这称不得什么大怪事，没有必要如此惊诧，关键是我乐在其中，并以此为傲。以前我的生活除了持续地工作外没有别的，现在我没有必要为了面子继续那种生活，现在一切都进行得非常好……"

卡伦·休斯没有让昔日的事业巅峰占满自己的"杯子"，没有像很多曾走上高峰的人一样只沉浸在昔日成功的光辉记忆中自我陶醉，对现状自怨自艾。相反，她潇洒地清空了那一只装了昨日昂贵美酒的酒杯，以同样的潇洒在杯中装入了新鲜的清水。于是，她的心就回归了那个经历荣耀之前的赤子之心，人生就由此拥有了一个崭新的开始，有了与之前截然不同的风景和精彩。

赤子之心，我们总在歌颂，总在追求着这样的内在，然而我们又总说，经历过人世种种之后，保留赤子之心太难了。而事实上，正是因为人世的变幻莫测，才更需要我们去以赤子之心面对，像清空杯子一样放下昨日，保留一颗从容淡定的心，不忘初心，方得始终。

静下心来，将心里的杯子倒空，是一次去陈换新、删繁就简的重新定位。在此期间，我们的思维将更加活跃，行动将更加谨慎，进而焕发出蓬勃向上的朝气，迸发出勇往直前的拼劲，打造出无所不能的人生。

放下，刹那便是春暖花开

生活在繁华的都市中，很多人总是喊着活得太累，为什么会这样呢？这正是因为很多人放不下，紧抱着不好的情绪，而不肯放过自己。事实上，如果我们真的能够放下，便会获得轻松，获得幸福。我们无法左右命运的走向，但是却可以放下心中的负担。

放下，需要勇气；放下，是种境界。放，是痛定思痛后的清醒，是超越世俗的大智慧，是画龙后的点睛，更是深刻后的平和。正如一句话所说："握紧拳头，你的手里是空的；伸开手掌，你拥有全世界。"

因此，我们要想拥有好心情，就得从坏心情中挣脱出来。对于那些给自己制造困扰的想法，要狠下心来把它抛开，这样就能从烦恼的死胡同中走出来，就能拥有一份好心情，进而在生活中应付自如。

功名利禄是我们内心的枷锁，看得越重，枷锁就会越多，我们就越是会难以挣脱。佛家有段偈语："天也空，地也空，人生渺渺在其中；日也空，月也空，东升西坠为谁功？金也空，银也空，死后何曾在手中！妻也空，子也空，黄泉路上不相逢！权也空，名也空，转眼荒郊土一封。"任何事情，都不曾掌握在我们手中，因为，我们只是人生中的过客，终有一天会归于尘土。

都市人之所以在感情里糊涂，生活中忙碌，职场中沉浮，人生中迷茫，皆因有所牵挂、放不下造成的。人在心情不好的时候会不自觉地把坏心情抱得更紧：关门不跟人说话，或是嘟着嘴生闷气，或是紧锁着眉头胡思乱想，结果心情只会越来越糟糕。

一个老和尚带一个刚出家的小和尚去山下化缘，小和尚一路上都恭恭敬敬地跟着师父。他们走到一条小河边的时候，看见一位美丽的少女在那里踌躇不前。由于穿着丝绸的罗裙，无法跨步走过浅滩，少女便请求和尚们背自己过河。

老和尚毫不犹豫地背起这个少女下了水，蹚过湍急的河水把少女背到了对岸，放下少女，老和尚默不作声地继续往前走。但是，小和尚再不能安心走了。他一直在想师父不是老和我说我们出家人不能近女色的吗？为什么他就背着小女孩过河呢？

离开河边20多里地了，小和尚还是一直被这个问题困惑着，一路纳闷着。最后，小和尚终于忍不住了，问老和尚："师父，你不是说我们出家人不能近女色的吗？为什么你就能背那个漂亮姑娘过河呢？"

"呀，你说的是那个女人啊，我早已经把她放下了，你怎么还背着她呢？"师父答道。

与师父相比，小和尚在生活智慧上显然还有很大差距——他不懂得放下。师父本是光明磊落地伸出援助之手背少女过河，可在他的一遍又一遍地反复纠结思考中，这坦然之举就变成了心魔。而师父，因为心中坦荡从容，早就把这件事放下了。于是小和尚的质疑便不会让师父看起来有丝毫的不妥，反而只显出小和尚的不安。

很多人在生活中就是那个无法"放下"的小和尚。与之相反，想要过幸福而满足的生活，就需要有老和尚的智慧，便是始终明白这样一个道理：生活中要想获得快乐，就必须学会放下！

什么是放下？放下不是一味地冷漠，不是一味地逃避，不是一味地恐惧。放下，是要从心里面放下。放下，如果得法，就是我们最好的安心剂。生活的快乐与悲伤、生命的长度与深度就在一收一放之间，尽数了然。

人生而一无所有，为何我们却要无休止地追求呢？我们要知道，无论是名或利，都是生不带来死不带去的。我们赤身裸体地来，也会赤身裸体地离开，就像佛法中所云："本来无一物，何处惹尘埃？"

人生越是淡然，快乐就会越多。道家学派代表人物老子曾说："多则惑，少则得。"如果对名利不萦于怀，我们受到的牵绊就会越少。万事万物皆是如此，越是在乎，越会得不到，就像镜中花、水中月一样，太过于拘泥于得到，它们就会消失得越快。不以物喜，不以己悲，是一种大家风范。而这样的风范是我们走向成熟的一个重要标志。

奥托·瓦拉赫是诺贝尔化学奖的获得者，但是他的成名道路却没有想象得那么顺利，真可谓是一波三折。

最开始的时候，奥托·瓦拉赫学的是文学，但是奥托·瓦拉赫学得非常差，老师对他的评价是"朽木不可雕也"，就算奥托·瓦拉赫再怎么努力，仍然是徒劳的。

之后，奥托·瓦拉赫就开始学习油画，但是奥托·瓦拉赫根本就没有绘画天赋，不会构图，也不会润色，他画出的油画永远都是倒数第一名。

接下来，奥托·瓦拉赫又做了很多次的尝试，但是很多老师都认为这个学生很难成才。只有化学老师发现他做事一丝不苟，认为如果让他专攻化学，肯定会有一番成就。于是奥托·瓦拉赫的热情一下子就被点燃了。接下来，在化学领域的研究上，奥托·瓦拉赫发挥出了自己的潜能，成为了化学领域的专家，并于1910年获得了诺贝尔化学奖。

中国人常说，该放手时须放手，得饶人处且饶人。但是面对功名利禄，面对声色犬马时，真正能以淡然的心态从容放手的人又有几个呢？我们总是不断赶路，但是走着走着，却忘记了出路在何方。有得必有失，我们都知道，但是我们却不会选择放弃，因为我们认为，没有取得成功就没有理由选择放手。

我们有没有想过，我们没有取得成功，也许不是因为我们不够努力、不够好，而是因为我们根本就不适合这条路。有多少时候，我们只是依照别人的标准来塑造自己，在发现不适合自己后，却因为舍不得已经付出的努力而硬着头皮继续坚持下去。然而内心早就摇摆，早就不安，早就感到索然无味了。人生因为没有雷同，因为千差万别，才显得精彩。如果每个人都是成功者，那么，成功对我们而言还有什么意义呢？

其实，何不从容一点，洒脱一点，不适合自己的就干脆放手，另起风帆，才能达到属于自己的彼岸。

何必让别人的看法来束缚自己，自己内心的幸福和快乐只有自己才能了解。不必做给别人看，也别太多去揣测别人的心思。持一颗平常心，从容做好自己，淡然面对人生便足以随心所欲，肆意驰骋。

第十章
定心，不为境转

"一心向着自己梦想奔跑的人，整个世界都会给他让路！"的确，没人能阻止你奔向伟大的前程。在成功者的身上，我们不难发现他们都有一个共同的特质，那就是只要自己认准了的事，都有坚定的信念。

谁说不完美就不值得爱

"我走过阳关大道，也走过独木小桥。路旁有深山大泽，也有平坡宜人；有杏花春雨，也有塞北秋风；有山重水复，也有柳暗花明；有迷途知返，也有绝处逢生。"这是季羡林多彩的人生，之所以多彩，是因为它的不完满。所以，季老在《不完满才是人生》中写道："每个人都争取一个完满的人生。然而，自古至今，海内海外，一个百分之百完满的人生是没有的。所以我说，不完满才是人生。"

"金无足赤，人无完人。"大千世界找不到一个完美无瑕的人，每个人身上都有缺点或是不足，我们永远不可能成为一个完美的人，苛求自己完美的愿望永远不会实现。追逐不会实现的愿望，结果只会是失望。

既然如此，何必要让不能实现的虚幻心愿来折磨自己，何不定下心神，接受现在这个虽不完美却真实可爱的自己？

定心，需要坚定而准确的自我认识。生活中，我们常常因为看到自己某一方面不如他人就自卑起来。然而人人生而不同，总有些别人有的特质我们没有，而我们有的特质别人可能缺乏。若要事事比较，就只能是在沾沾自喜和闷闷不乐之间无尽摇摆。既然人人有长处有短处，何不就安定心性，悦纳这个不完美的自己，展示我们的优点，回避我们的缺点，如此走出精彩人生？

一位得道高僧，由于年老体衰将不久于人世，他意图从徒弟们中间找一个接班人，于是他对徒弟们说："你们出去给我捡一片最完美的树叶，谁找到了谁就是我的传人。"到底什么树叶才是完美的呢？徒弟们领命而去，各自奔走。

这时候，一个弟子心想：每一片树叶各自不同，哪有最完美的树叶，于是他便在附近树林里随便捡了一片完整无损并且很干净的树叶带了回去。到天黑时，其他徒弟都累得气喘吁吁，也没能找到那片"最完美的树叶"，最终都空手而归。

最后，高僧把衣钵传给了那个捡回树叶的弟子，他告诉众人："世界上哪有完美的叶子，世界上也没有绝对的完美，如果那么完美，哪还有喜怒哀乐、姿态万千？接受不完美，才算真正领悟到了人间真谛啊！"

这个故事说明了一个道理：真正十全十美的事物是找不到的，如果事事非要以完美为标准，结果只能一无所获，两手空空。

为什么不喜欢自己？为什么讨厌自己？缺陷和不足人人都有，作为独立的个人，正是不完美使你区别于他人，使你显得不平庸。你就是你，你是独一无二的，你同样是上天创造的杰作，世界也因你的存在而多了一点色彩。

与其执着于完美的自己而不断地忍受着求而不得的失落和打击，不如干脆不要求自己成为一个完美的人，而要努力爱上那个不完美的自己。只有可以不加条件地接受真实的自己，才能获得让双脚坚实站立的坚定土地，才能定下心来去发挥自己的长处，才能定下心来去弥补自己的不足。

爱不完美的自己，就是用自己特有的形象装点这个丰富多彩的世界。不知道你有没有发现，很多有魅力的人也并不是很好看，也根本称不上完美，但是他们身上都有一种很引人注目的东西，那就是自信的气息。

世界顶尖高尔夫球手博比·琼斯是唯一一个赢得高尔夫"年度大满贯"（包括美国公开赛、美国业余赛、英国公开赛及英国业余赛）的人，他被称为是美国高尔夫史上最优秀的业余选手。在高尔夫球员生涯的早期，博比·琼斯总是力求每一次挥杆都完美无缺。当他做不到时，他就会打断球杆、破口大骂，甚至愤慨地离开球场。这种脾气使得很多球员不愿意和他一起打球，而他的球技也没有得到多少提高。

通过这些教训，博比·琼斯渐渐了解到这样一个事实：一旦打坏了一杆，这一杆就算完了，但是你必须尽力去打好下一杆，而不该耿耿于怀。静下心来，调适心态后，他才真正开始赢球。对此，他这样解释说："我一直到学会调整自己的野心后才真正开始赢球。也就是对每一杆有合理的期望，力求表现良好、稳定，而不是寄希望有一连串漂亮挥杆来成就。"

从某种意义上说，人们正是因为不完美才有了追求和奋斗的目标，才有了前进的方向和动力。如果从一开始就含着金钥匙出生，从一开始所有事情就已圆满，那么漫漫一生就只剩对时间的消磨，而又要以什么来丰富内心和灵魂？

做人最大的乐趣是通过奋斗达到想要的目的，有句广告词颇有哲理："人生没有最好，只有更好。"倘若一个人件件事情都完美，从某种意义上说是极其可怜的。因为他无法体会有所追求的幸福感受。

世上没有十全十美的事，生在繁杂都市更是如此，万事都不是完全圆满的。又何苦执迷于那不可求的圆满呢？放弃对完美的追求，不必刻意去做任何事情，踏踏实实地尽己所能，就可以问心无愧了，就可以享受到鲜花和掌声般的待遇！由此可见，接受不完美，是生存的智慧，是成功的技巧。

奥黛丽·赫本，这位好莱坞的著名电影明星被称为"世界上最美的女人"，她的身材并不是完美的，但是，她散发出来的气质让人毫不怀疑她就是一个完美女人。这是因为，奥黛丽本人可以坦然面对自己的缺点，她说："每个人都有缺点和优点，将优点发扬光大，其余的就不必理会。"这一观点值得我们每个人借鉴。

不完美的一面也是生命的一部分，定下心来，别为别人的一句质疑或自己的一点不足而影响心情，而改变心性。不如坦然地正视自己的缺点，改变能改变的，完善能完善的，接受不能改变的，如此我们才不会被缺点拖累，才能使自己越来越接近完美，进而获得安然自得的生活姿态。

定下心来，弦断了也能把曲奏完

荷兰阿姆斯特丹有一座 15 世纪的老教堂，它的废墟上留有这样一行字："事情既然如此，就不会另有他样。对必然之事，且轻快地加以承受。"语句虽然简短，但是道理却很深刻——在我们的有生之年里，我们都难免会遇到不如意之事、无能为力之事，对此我们无法选择也无可逃避。如果我们不想在怨天尤人里郁郁而终，那么就只有定下心来，接受现状，并以此为基础，进而超越内心的囚笼。

没人希望糟糕的事情发生，可是天有不测风云，当不幸降临于我们的时候我们无法逃避，那么，我们所能做的就只有接受，而接受必然发生的事，是克服任何不幸的第一步。

小提琴上的 A 弦断了，演奏还能继续吗？在这种情况下，一般演奏者会停下来，换一把提琴再演奏。如果不巧找不到一把适用的小提琴，那么这支曲子也就只好到此为止了。不过，世界著名小提琴家欧利·布尔告诉我们"就算弦断了，也要把曲子演奏完"，当然这也缔造了他的成功。

一次，欧利·布尔在法国巴黎举行了一场万人瞩目的音乐会。当时欧利·布尔演奏得非常投入，饱含深情，听众们也听得很入神，不料突然发生了意外状况：一首曲子还未演奏完，小提琴上的 A 弦却断了。

面对突如其来的意外，周围的人异常紧张，他们不知道欧利·布尔该如何"收场"。如果处理得不好，就可能影响到整场音乐会，甚至影响到欧利·布尔日后的音乐生涯。就在"知情人"焦虑和观望的时候，欧利·布尔却丝毫没有在意那根断了的 A 弦，他从容不迫地继续演奏了下去。

当欧利·布尔演奏完毕后，整个音乐厅回响着热烈的掌声。后来，有记者采访欧利·布尔时问及此事，欧利·布尔淡淡一笑，回答道："要不然怎样呢？难道我就不继续演奏了？这就是生活，如果你的 A 弦断了，就用其他三根弦把曲子演奏完。"

A 弦断了，这对任何小提琴手来说都是一件糟糕的事。试想，如果欧利·布尔沮丧并自暴自弃地说"完了，我真倒霉，这可怎么拉下去啊"，那么他就真的完了，不仅会影响到音乐会的效果和自己的前程，而且还会陷入抱怨和诅咒命运的怪圈，自卑自怜地度过一生，成为一个懦夫和失败者。

当身处不幸的时候，我们常常出于一种自我保护的心理机制告诉自己这些困境只是暂时的，于是在这种"只是暂时的"的心态下，我们便将心抛向虚幻的未来而拒绝接受现在。然而人生中哪有什么永恒，而是一段一段"暂时"的时光组成了我们的生活。如果因为"暂时"而抛弃现在，那么你所抛弃的就是从困境走出、走向美好未来的希望。

定下心来，当不幸到来的时候，定心接受现在的现实，并在冷静地分析现实的风险和机遇之后，才能一步一个脚印，稳稳走出现在的囹圄。

不管什么时候，在什么场合，发生了怎样尴尬或难以解决的事，不要抗拒，不要逃避，定下心来面对它，接受它，然后想办法去改变它，而不是随波逐流，任由事态肆意发展。正如美国哥伦比亚学院院长赫基斯所说："如果一个人能够把时间花在以一种很超然很客观的态度去看待既定事实的话，他的忧虑就会在知识的光芒下，消失得无影无踪。"

定心，是要不以境况的改变而转移心性，要即使在意外和挫折到来时也能安稳心绪，从而获得渡过难关的勇气。

定下心来，你会发现我们内在的力量坚强得惊人，它可以强大屹立如山，遇风雨而不倒，那么也就完全可以自若地用断弦缔造一场无人能及的完美演出。要培养自己这样的个性是不容易的，因为它需要克服恐惧，斩断悲观，更需要内心有一股淡定自信的力量，活在当下。

英国人艾莉森·拉佩尔天生残疾，从出生之日起她就没有双臂，双腿也特别短小，这是一种名为"海豹肢症"的先天残疾。出生后几周内，拉佩尔被母亲送到"残疾人之家"，一两岁的时候她开始意识到，自己已经被父母抛弃。但拉佩尔没有丧失对自己的信心和对生活的向往，相反，这更加激起了她对生命、对美好生活的渴望。

拉佩尔3岁时就开始学着用自己并不正常的脚摆弄画笔工具，到16岁时，她用脚创作的绘画作品已经能够在当地的绘画竞赛中获奖。17岁时，拉佩尔在一家残疾人评估中心接受各种生活及职业训练，比如骑马、学习艺术，以提高在社会中的适应能力。19岁时，拉佩尔已经有能力独立生活了。之后，拉佩尔进入布赖顿大学艺术学院学习，她开始了一项新工程：以自己的身体为原型进行艺术创作。通过摄影、绘画，拉佩尔用不同的方式展现着自己并不完整的身体。

凭借超凡的努力，拉佩尔成为了一位著名画家和摄影家，改变了自己的命运。用她的话说，她的目的就是让整个社会了解：残疾就一定与美丽无缘吗？它不可以让人们产生除了"厌恶"、"怜悯"、"同情"之外的感受吗？她正在向世界证明：答案是否定的。美存在于一切事物之中。伦敦市长肯·利文斯顿则这样形容拉佩尔："艾莉森展示给我们的是与命运的抗争。这是一件关于勇气、美丽和抗争的作品，艾莉森是现代社会的女英雄，坚强，可敬，给人带来希望。"

心理学家阿佛瑞德·安德尔说，人类最奇妙的特性之一就是"把负变为正的力量"。艾莉森的故事正是如此，面对不幸，她没有逃避，没有抗拒，而是定心接受了自己所面对的现实。无论来自外界的眼光是怜悯还是嘲弄，她始终安定心神，不因外界态度而改变自己的本心。她接受了无法改变的现实，想到的是如何从这种不幸中脱离出来，如何改变自己的命运，进而享受到了生命的乐趣。

有一首歌谣唱道："天穹之下疾病多，有的易治有的难。有治就把良方寻，无治不必硬勉强。"新英格兰著名女性主义者玛格丽特·福勒的人生信条就是："宇宙中的一切都是必然的，我接受宇宙中的一切。"当脾气古怪的苏格兰作家托马斯·卡莱尔听后，不禁大声吼道："我的天哪！她最好如此。"是的，我的天哪，你我最好都如此，面对不测风云，无常世事，唯有以内心的安定与不变应对一切，才能走出痛苦的泥淖，才能如种子一般穿过沉沉黑暗的包围，开出绝美的花朵。

越把自己当回事，你就越危险

在我们的生活中，我们每天都在不断地定位自己，我们在家庭中，在工作中，在朋友同学中都扮演着不同的角色。对这些不同角色的定位构成了我们对自己的认知。

而我们对自己的认知是正确的吗？很多时候，因为别人的恭维，因为事情的顺遂，因为几次的成就，我们很容易就高估自己的地位而陷于自我陶醉之中。没有人希望身处逆境，可是常处在顺境里，我们很容易就忘记未知的风险和危机，反而更容易遭遇挫折。而身处逆境时，却因为小心谨慎，时刻充满了应对危机的准备，而能化险为夷，获得成功。正如游泳时溺水身亡的往往是会游泳的人一样，一旦把自己或自己的某项才能太当回事，危险就不觉间潜伏其中。

正如拿破仑所说的："我最大的敌人就是我自己。"其实对很多人来说都是如此，我们的对手带给我们的除了威胁，还有竞争意识、危机意识和不断进步的动力。在这样的环境中，并不难做出事业。而很多时候，我们烦躁，我们郁闷，我们焦虑不安，都是源于我们太在意自己，过于注重自己的感受，过度在意别人对自己的态度。这样，不仅自己心力交瘁，而且也很难有所成就。

定心，不为逆境所转难，不为顺境所埋没更难。

王亮是一所名牌大学的高才生。大学毕业后，他应聘进入一家外资企业，与他同时进来的同事，硬件条件都没有他好，要么学历低，要么专业技能不强。对比之后，他觉得自己是公司的绩优股，可以在此大展拳脚。

抱有这种想法的王亮，每当领导让他做最基础的工作时，他就觉得自己被大材小用了。一次，主管让他做一份签约合同，他满心不情愿地去做。结果，他将进货价500写成了50。幸亏主管及时发现了这个错误，否则公司将会损失一大笔钱。事后，主管批评他，他不以为然，说："我又不是秘书，不擅长做这种事情。如果让我做技术含量高的事情，肯定不会出错。"

王亮的态度让主管很不满意，直接将其打入冷宫。即便是复印文件的小事，主管也不让他做。没过多久，名牌大学的高才生王亮就辞职了，而和他同进公司的同事，有的升职，有的加薪。

故事中的王亮在职场上受挫，敌人不是别人，而是他自己。他将自己摆在了重要位置，认为自己是公司的天才，应该将最重要的工作交给他，而不是做小事。正是因为这种想法，他最终出局。

一些人总是抱怨工作难找，为自己英雄无用武之地而怨天怨地。其实，问题就出在他们自己身上。因为自视甚高，所以定不下心来安稳工作，总是希望用最少的付出换来最多的回报。然而职场上又岂是一人天下，于是只能屡屡受挫。殊不知，这不是别人设下的障碍，恰恰是自己心不定，才在一点成就面前沾沾自喜，从而给自己前进的道路放了绊脚石。

比尔·盖茨有一句名言："微软离破产永远只有18个月。"我们的生活不会一直充满阳光和鲜花，狂风暴雨也是不可避免的。取得成绩时，多思考一下如何应对以后的挑战和挫败；衣食无忧时，要想到如果一贫如洗应该如何生活。生于忧患，死于安乐。常有居安思危的意识，能让我们预知未来的变化，一旦出现危机，我们就能从容应对，安全度过危险期。

太把自己当回事，就容易失去平常心。做任何事时都喜欢给自己加一个很大的头衔，为人处世也不自觉地端出了架子，总以为受人尊敬和崇拜是理所当然，而被人疏远时，却仍不知道自己哪里出了问题。

若能定下心来，放下自己给自己设定的身份地位，仍以赤子之心来感受生活，那么这个世界将会亲和温暖得多。

萧伯纳，英国著名剧作家。有一天，他在公园散步，看到一个很漂亮的小姑娘。小姑娘穿着粉色的连衣裙，扎着两条辫子，非常招人喜欢。萧伯纳父爱爆发，和小姑娘一起玩了很长时间。

分别时，萧伯纳对小姑娘说："谢谢你，我今天玩得很开心。回家后，你别忘了告诉你妈妈，说你今天和著名的作家萧伯纳一起玩耍，他很开心。"小姑娘沉默片刻，说道："我也很开心。回家之后，您也要告诉您妈妈，说您今天和一个普通的小姑娘一起玩，她很高兴。"

萧伯纳一时语塞，他一直觉得自己远近闻名，无人不知，谁能认识自己是一种荣耀。但是，小姑娘只把他当成一个普通的玩伴。

事后，萧伯纳将这件事讲给朋友听，并且深有感触地说："一个人不论取得多大的成就，都应该定下心来，不能因为境况变化就转了心性。对任何人，都应该平等相待，永远谦虚。"

这个故事中，小女孩的天真无邪提醒了萧伯纳，他才发现到他的自我意识其实已经在不知不觉中过于膨胀。很多时候我们也是如此，因为一些成绩而自我膨胀却并不自知。而在这个过程中，我们和他人之间就不知不觉已产生了隔阂。

因此，在成绩面前，我们要定心，不飘飘然，不自我陶醉，常常自我审视，居安思危。只有这样，才能不被顺境扭转心性，才能在顺境中继续向前，取得人生中更大的成功。而如果总是自视甚高，太把自己当回事，结果只能是在"别人都不理解我"的自怨自艾中走向毁灭。

定下心来，放下过高的自我定位，将自己的心归零。别忘了，当你把自己的位置定得越低时，你向上发展的空间才越大。

心不变，人就站得住脚

"这个世界上，没有人能够使你倒下，如果你自己的信念还站立的话。"黑人领袖马丁·路德金握紧双手告诉人们，只要信念还在，只要心不变，人就站得住脚。

纵观那些成功者，他们在人生的道路上，不但不比别人更加幸运，反而更加坎坷，只不过他们有一颗更加坚定的心。靠着心中屹立不倒的信念、智慧、坚持、勇气，取得了最后的成功。

不变的心是支撑人生的力量。如果把人生比作一棵参天大树，那么心就是树根，只有心不动，大树才能参天。若根移，大树亦倾覆，心一变，人生便岌岌可危。

因此，人的一生，样貌可以改变，体重可以增减，只有心中的信念一丝一毫不能改变。心不变，才有信念的脊梁，支撑着人类的整个灵魂；心不变，才有希望如海上的一盏明灯，指引人们扬帆起航；心不变，才有原则辨明人生的方向，指引我们向最终目标前进不倒。没有坚定的心的人生是没有意义的，一遇到挫折就改变信念的人生更是软弱无力的。

美国学者查尔斯之所以会成为一名著名画家，就是因为一件小小的事情。那年他12岁，在一个百无聊赖的星期天，他信手涂画，模仿当时最流行的连环画上的形象，画了一只猫。当时，他对自己的作品还十分满意，便拿去给父亲看。

父亲看到他的涂鸦后，很认真地说："说真的，查克，这个画是你自己画的吗？""是的。"查尔斯回答道。父亲又认真打量着画，最后点着头表示赞赏："在绘画上，我认为你很有天赋。"查尔斯在一边激动得全身发抖，他知道父亲不轻易表扬一个人，这是父亲由衷的赞美。

从那天起，查尔斯开始热衷画画了，他几乎看见什么就画什么，把练习本都画满了。后来父亲远去他方，查尔斯就把那些自己感到满意的画寄去给父亲，然后等着父亲的回信。而父亲每一点表扬都能让他兴奋好一阵子。慢慢地，他相信自己将来一定会在绘画上有所成就。

17岁那年，父亲去世，查尔斯成了一无所有的贫穷人，后来他不得不离开学校，但他没有忘记父亲对自己的表扬。那时，伴随着父亲的鼓励，他坚持画了三幅画，然后把画作交给了《多伦多环球日报》。第二天，查尔斯就被《环球时报》聘请为画师，这样他就有了更好的条件去创作、去画画，并一直坚持了下去。

即使查尔斯的画画兴趣只是来自于父亲的一句赞扬，却点燃了他心中坚定的信念。到后来，即使在查尔斯一无所有的情况下，他仍旧坚持画画，最终实现了自己的理想。这期间，如果说查尔斯是被上天眷顾的幸运儿的话，那么只能说他的幸运在于他对画画的热爱之心始终没有改变。

坚定不变的心是一切奇迹的萌发点，它能让流落几百年的种子生根发芽，能让遭受绝境的人们重获新生。事实上，人生从来没有真正的绝境。无论遭受多少挫折，无论经历多少坎坷，只要一个人的内心怀有一粒信念的种子，只要坚持到重见天日的那一天，就能开出生命之花，结出人生之果。

小罗杰出生在美国纽约大沙头贫民窟，那是纽约市环境最肮脏、最暴力的地方。在那个地方出生的孩子，从小耳濡目染，像逃学、打架斗殴、偷窃、吸毒等行为简直就是家常便饭，在那里长大的孩子很少能走上正道，更别说能有所成就了。

然而，小罗杰就是个例外。当小罗杰就读于贫民窟小学时，皮尔·保罗任该小学校长。包括小罗杰在内的所有孩子们都不配合老师的工作，他们三天两头地旷课、打架斗殴，几乎天天有流血事件发生。他们在兴头上还会砸黑板，辱骂老师，破坏学校公物，皮尔当时想了很多办法来引导这群孩子，可成效不大。

一次，皮尔正在课堂上说教，小罗杰一个跟头从窗台外蹿进来，并伸着手指向皮尔，正打算轰他下台。这时，皮尔灵机一动说道："嘿！瞧瞧你的手指，真长啊，我想将来纽约州的州长非你莫属！"小罗杰大吃一惊，从小到大，这是第一次听到如此振奋人心的话。竟然有人说他一个贫民窟的小流氓能做纽约州的州长，小罗杰简直喜出望外。从此，他记下了这句话，而纽约州州长成为了他的理想和目标。

从那天起，纽约州州长这一信念就在小罗杰的心里埋下了种子。小罗杰从当下做起，他变得文明了，说话再也不带脏字，衣服也不再邋里邋遢。他学着纽约州州长的样子开始挺着胸膛走路，而从那时起40年来，他几乎没有一天不按照州长的身份来要求自己。等到了51岁那年，他终于成为了纽约州的州长，而他就是美国第一位黑人州长罗杰·罗尔斯。

在就职记者招待会上，罗杰没有谈他是怎样渡过重重艰难困阻而成为州长的，他只是谈了以上事例，因为他相信，是他上小学时期皮尔在他的心田里埋下的小小信念的种子支撑着他走向了成功。40年如一日，他从来没有改变过要成为纽约州州长的心，而最后他的确实现了这个目标。

大诗人亨利曾写过这样的诗句："我是命运的主人，我主宰自己的心灵。"是的，只要心不变，我们就能做命运的主人，只要能把握并坚持住自己内心所坚守的东西，我们就能克服重重阻力，靠着自己的双手创造出自己的未来。

在人类的世界中，要想变成一个成熟的强者，就必须从坚定自己的心开始。当你确立了人生目标时，当你埋下那颗信念的种子时，一切的努力和劳动就变成了一件乐事，一切的苦难和挫折就变成了脚下的台阶。每增加一个台阶，你就朝着目的地更近了一步。只要你心不改，那么一切都将成为你实现理想的助力。

一个人是否能够坚持自己的心，并不在于他身处何境，也不在于他是否优秀，而在于他是否有采取行动来改变自身处境的能力。要知道，生命本身就是一种挑战，人生本身就是一种残缺，但只要你不认输，始终保持信念，那么你就不会跌倒。

境随心转，做个快乐的智者

怒，从字面上看，就是一种能够把心当成奴隶的力量。不管你平素是多么理性、多么干练的人，一旦怒火中烧，就会完全丧失平日的自己。难怪有人说，愤怒是驾驭人的"暴君"，理性往往会被愤怒打败。

那么，人就只能任凭愤怒驱使，做它的奴隶吗？当然不是。美国作家罗伯·怀特曾经说过："任何时候，一个人都不应该做自己情绪的奴隶，不应该使一切行动都受制于自己的情绪，而应该反过来控制情绪。无论境况多么糟糕，你应该努力去支配你的情绪，把自己从黑暗中拯救出来。"

心若不定，一再随境况而转，只能在原本的情绪里面越陷越深；心若定，不被怒气掌控，艰难的境况也会有转机。

生活中的很多悲剧是由于不会控制情绪引起的。控制情绪，就要学会从积极的角度看待问题，这样才能保持乐观的心态。而境随心转，很多时候，因为有了乐观积极的态度，原先棘手的问题可以被更好地解决，原先以为的绝境，原来也可以柳暗花明。

一个著名的建筑师想在建筑工人中找一个人做自己的学徒，于是他来到建筑工地上。他问见到的第一个工人："你在做什么？"工人没好气地说："在做什么？你没看到吗?! 我在为了微薄的工资卖命！"他一连问了几个工人，每个人都一副很愤怒的样子。

突然，建筑师看到一个年轻的工人敲着石头，脸上却微露出幸福的神情的时候，他走过去问他："你在干什么？"工人眼睛里闪烁着喜悦的神采说："我在为兴建一座巨大的教堂而努力！虽然敲石头的工作并不轻松，但当我想到将来会有无数的人来到这儿接受上帝的爱，心中便常感到高兴。"

当然，不用问，最后建筑师当然选择了最后那位工人。

面对同样的处境，最后那位建筑工人因为有积极的心态，所以艰苦的工作也有了乐趣。而就是这样积极的心态，使得他被建筑师选中，告别了之前艰苦的工作。这不正是境随心转的绝佳例子吗？

面对各种处境，如若都能像这位工人一样定得下心，从好的方面看，少一些抱怨，很多事情都能有所转机。

定下心来，我们不需要抱怨，甚至不需要言语，直接用我们的行为去改变一件事。有一句话说得好："如果不喜欢一件事，就改变那件事；如果无法改变，就改变自己的态度。不要抱怨。"当我们把关注的焦点放在如何解决问题上时，好好表达自己的期许，就会发现，问题原本可以得到高效的解决。

大学毕业后，毕业于律师专业的王宾没有找到合适的工作，暂且在一家保险公司当了业务员。刚到公司上班，王宾就发现公司里大部分人不敬业，对本职工作不认真，他们不停地抱怨着，抱怨工作难做，抱怨待遇太低，抱怨保险行业不景气，抱怨专业不对口……干活也提不起一点兴趣。

尽管王宾也很认同这些观点，但是他认为："抱怨半天又没有什么用，不也照样得干吗？既然能找到这份工作，就要好好珍惜，力争把它干好吧。"就这样，他没有任何的抱怨，而是一头扎进工作中，踏踏实实地干活。无论接受到老板的什么指派，他都一丝不苟地完成，没有任何的怨言。

但是，保险是一份让人很头痛、很难做的工作，王宾的工作开展起来也很困难，第一个月拿到的只是最基本的底薪。怎样做才能让人们愿意接受保险业务员呢？为此，王宾在社区里举办了一场场"保险小常识"的讲座，免费为社区居民讲解保险方面的常识。渐渐地，社区居民们对保险产生了兴趣。

接下来，王宾的工作进行得顺利多了，业绩突飞猛进，也受到了经理的重用，同事们的欢迎。时间一长，王宾居然后来者居上，成了公司里的"顶梁柱"。而那些只会抱怨个不停的同事，还是业绩平平，虚度年华。

王宾深知抱怨无济于事，只有通过努力才能改善处境，他以积极的态度来面对工作，认认真真地从小事做起，在工作中踏踏实实，从来没有任何怨言。正是因为此，他取得了不俗的业绩，赢得了公司领导的赏识，获得了更多发展的机会。机会通常只会惠顾那些永远带着积极的态度、定下心来做事的人。只有保持这样的心，才能境随心转，迎来成功。

面对人生的处境，怒和怨只能让心情更加糟糕，让事情更加不可收拾。只有定下心来，从积极的方面去看待问题，如此才能在不顺遂的境遇里获得愉悦和积极的心情。而只有乐观和积极的态度，才能超脱面前的困难，最终境随心转。

第十一章

随心，洒脱平和

> 一个人的心态就是他真正的主人，要么让自己去驾驭生命，要么让生命驾驭自己，而自己的心态将决定谁是坐骑，谁是骑师。只有废弃狭隘的思想，葆有开朗大度的心胸，才能淡泊洒脱，才会有坦荡的人生之路。

花开花落，让一切顺其自然

西方哲人蒙田曾告诫我们："人生最艰难之学，莫过于懂得自自然然过好这一生。"凡事顺其自然、自然而然过好一生，对每个人来说，都是一个既平易又艰深的课题。

都说付出才有收获，然而并不一定付出了就必有收获。很多时候我们用时间、精力、汗水来浇灌，却因为种种原因——也许是一场寒潮，也许是一场暴雨，也许是最开始就埋错了种子——而难以得到相应的回报。就因为这样的担心，我们总是从一开始播种就患得患失，怕种子不发芽，怕嫩芽被破坏，怕花朵被摘走，怕果实不甘甜。在这样的心态中，我们都变得焦虑，变得抑郁，变得激愤难平，心有滞碍。可事实上，无论我们怎样忧虑，风雨欲来，我们依然无法阻挡。这样的时候，与其纠结不休，不如选择顺其自然。既然已经不可避免地损失了外物，就别再损失心情。

花在开谢是随着季节的转换，水在流淌是依据地势的变化，树在摇摆是顺着风的方向，它们都懂得顺其自然的道理，所以花可以开得鲜艳，树可以长得葳蕤。让很多事顺其自然，你会发现你的内心会渐渐清明，性情中也多一份平和洒脱。

药山禅师是一个很了不起的智者，他有两个徒弟，一位是云岩，另一位是道悟。

有一天，药山禅师带着云岩和道悟出远门，行到某处的时候，他见一棵树长得很茂盛，而另一棵树却只剩下枯黄的枝叶，便想借机示教，于是便指着两棵树问道："在你们眼中，哪棵树更好？"

"当然是茂盛的那棵树好了，"云岩抢先作答，"荣代表着欣欣向荣，是生命的象征。"

"枯的好。"道悟争辩道，"枯，万物归天，一切皆空。"

药山禅师笑而不语。这时候，旁边走来一个小沙弥，于是药山禅师又问了问小沙弥："这树是荣的好，还是枯的好？"只见小沙弥淡然一笑，回答道："荣的任他荣，枯的任他枯。"

好一个"荣的任他荣，枯的任他枯"，小沙弥心底的那份从容、淡定、宁静，显露无遗。无论外界怎样喧嚣变幻，自己的内心都风平浪静、波澜不惊，这是一种绝佳的禅意姿态，也是心理学中的最高境界。

因为懂得顺其自然，庄子认为：生死只是一种形态的转变，顺应自然，就像化茧成蝶一样，我们应该开心地看着这一改变，为什么要悲伤呢？正是因为连生死都可看开，都可顺其自然，才有了庄子那逍遥洒脱的哲思。

也许我们做不到庄子那样豁达，也不必在丧亲之后击缶而歌，然而只是在面对生活中林林总总的事情时，多一份顺其自然的从容。

顺其自然是一种顺应天命、随遇而安的人生态度，不抱怨、不躁进、不苛责、不强求，悲哀和欢乐就不会过度占据我们的内心，这有利于我们放松紧绷的心弦，心平气和地看待万千变化。正是由于具备这种处世智慧，庄子在面对各种变化时才会那么从容不迫、镇定自若。

可见，顺其自然并非消极地等待，更不是听从命运的摆布。它更多的是指凡事不必刻意强求，保持一种内心的安定和淡然。谋事在人，成事在天。做出自己百分之百的努力，并享受付出的过程。而对结果，不要一味渴求，对失败，更不要念念不忘。

顺其自然，心中便可保持清明，没有妄情、妄念、妄想，让心境平和淡然，顺天而行。一个人若能淡然笃定地掌控自己的内心，无疑会最大限度地发挥主观能动性，因势利导，取得成功。

有一位老主管在自己的岗位上做了十多年，一天上级领导突然通知他，由于突发的经济危机，他被裁员了。对于他的家人来说，这样的结果是一个极大的打击，于是就四处求人，希望能够帮助他恢复原来的职位。不过，老主管却在自家的小菜园里种上了菜，过起了平民百姓的生活。

他的家人看到这个情形都心急如焚，劝告他说："你这是在干什么呀？工作都没有了，怎么还有心情做这样的事情啊？"而他却丝毫不在乎地说："事情既然已经发生了，又何必强求改变呢？更何况这样的生活也没有什么不好啊？"

没事的时候，老主管就走村串巷，收集一些民间陶器作为自己的爱好。七八年的时间里，他竟然收集到了几十件世界顶级的民间珍宝，每一件都上百万，后来竟成了远近闻名、令人羡慕的收藏大师。

顺其自然不是放任自流，而是顺势而为。在某种程度上，做到了顺势也就等于造了势。你看水，水从上而下、从高到低顺应地势流淌，顺能通之道而游。山阻水势，水便绕山而行，却在此过程中一日日默默冲刷着山脚，知道山为其让路。水不会逆势去攀山，然而就在这顺应之中，水却滴穿了岩石，割开了山脉，最终奔腾入海。科罗拉多大峡谷这样的奇迹，不也是源于一条河顺应地势，默默流淌吗？

人应如水，可以顺其自然，但不放任自流，当困难如山无法攀越时，何不暂且绕开它，先去解决可以解决的问题，而在这不断解决的积累中，原本如山的难题，也有一天会被轻松击破。

生活不可能是一马平川、一生坦途的，我们只有对生活进行最大程度的认知才能活得快乐，而最好的对策就是"顺其自然"。多一点顺其自然之举，不以物喜，不以己悲，保持一种恬淡快乐的心情，一种无拘无束的心境，如此，同样的人生，就会快乐许多。

世人总是觉得生活沉重，但试问有几人真正懂得顺其自然？逃避世间任何发生在自己身上的事，祈求某件痛苦的事不要发生，这只会令人活在恐惧和逃避中。所以，不如将喜与悲看作没有丝毫差别，对所有的缘分都欣然接受，主动面对和承受不幸之事，然后学会如何去驾驭命运，从容如流水。

想要心随所愿，就要随遇而安

生不逢时，或是人在屋檐下不得不低头，是多少人的感觉和烦恼。在现代日日奔波的都市生活中，我们总是以各种虚幻的心愿来抵消现实的不如意之感：如果能生活在大自然中，不用每天呼吸混浊的空气就好了；如果能有一座带花园的房子就好了；如果当初不选择这份工作，进另一家公司就好了……然而心愿虽然美好，现实却依然坚硬。于是，我们就在愿望的不可得和对现实的不满意之中抑郁、焦虑、激愤，心有滞碍，无所适从。

生而为人，很多事情我们都无法选择，我们不能选择自己的出身，不能选择自己的境遇。每个人都想成为温室中名贵的牡丹，然而若天不遂人愿，那么就需要一点蒲公英的精神，无论落在怎样的境况，都可以随遇而安；无论落入多么贫瘠的土壤，都努力地向深处扎根，美丽地向天空开放。

"风来疏竹，风过而竹不留声；雁过寒潭，雁去而潭不留影。故君子事来而心始现，事去而心随空。"这是古人对随遇而安的解释，意思是说，万事万物到头来都是一场空，所以应当抱有随遇而安的态度，事情来了就尽心去做，事情过后心情要立刻恢复，保持自己的本然真性于不失。

苏东坡著名的词《定风波》中有这样一句："回首向来萧瑟处，归去，也无风雨也无晴。"写得飘逸洒脱，将人世间的风雨都一掠而过，充满了随遇而安的豁达之情。在生活中，苏东坡也是如此做的。

苏东坡的一生可谓仕途坎坷，他一再被政敌排挤，几次被贬谪，还差点走上断头台。34岁时，因与王安石意见不合，他被贬出京到杭州做通判。44岁任湖州知府时，以文字遭谗，被控入狱；获释后，45岁被贬谪黄州；54岁那年，因与朝中权贵意见相左，由原来调越州改调知杭州；59岁那年，远调岭南边地。然而，他一生达观，随遇而安，留下的诗文中很少悲观厌世之作，而且尽量追求人生的意义与生活的乐趣。

在"乌台诗案"遭贬后，全家人都为苏东坡担心而哭泣，可他却留下"乱石穿空，惊涛拍岸……人生如梦，一尊还酹江月"等诗词，其境界之宏大，气魄之雄伟，一腔赤心报国、壮志难酬的感慨跃然纸上。

被贬黄州时，苏东坡失去薪俸，身陷"安步以当车，晚食以当肉"的窘境，他却能放下身段，带着一家老小十数口开荒播种，喂养家禽，实现了丰衣足食。

晚年贬谪海南，苏东坡一再高歌"他年谁作舆地志，海南万里真吾乡"、"日啖荔枝三百颗，不辞长作岭南人"……表现了对流放海南的不悔不怨之情。这样达观的态度是历代被流放海南的众多政客们无法相比的。此外，爱郊游、爱访友、爱谈禅论佛等爱好，苏东坡在海南一样也没丢。

虽然一生仕途坎坷，被流放于蛮荒之地，甚至被严刑拷打、几乎丧命，但是苏东坡依然自得其乐，微笑接受，大处着眼，随遇而安，保持着乐观开朗的心态。他留给我们的不仅是一篇篇气势磅礴、格调雄浑的千古名文，更多的是他心灵的喜悦，是他思想的快乐，是他那万古不朽的豁达心怀。

随遇而安是一种充满智慧的生活态度，它可以使人保持一颗平静的心，使人能够理性地去看待生活和工作中的得与失，起与落。谁能做到随遇而安，谁就有宁静的心灵，就能在各种逆境中"失之东隅，得之桑榆"。周围的环境不利于才能发挥的时候，我们不妨韬光养晦，随遇而安，等待合适的时机，便可一鸣惊人。

有一个从小喜欢计算机的年轻人，在十年寒窗后如愿考入了某大学学习计算机专业。然而毕业时却赶上计算机行业人才饱和，他一直找不到工作。为了生活，他不得不放下计算机梦而转行去做了销售。

因为梦想未能达成的失落，年轻人总觉得自己做销售是屈了才，工作时心里总是充满了委屈和不甘，业绩也一直不好。而业绩的不佳使得年轻人在自己的岗位上干得更加无味。眼看同事一个个买车买房，自己还是勉强温饱。

年轻人逢人就抱怨自己怀才不遇，每天去工作都觉得是种痛苦。

后来一位长者听了年轻人的抱怨，就劝慰年轻人说："既然你现在的工作是销售而不是计算机，那么你再多么恨现在的工作也无济于事，只能平添烦恼。不如随遇而安，接受现在的工作，把计算机当作爱好，也许在工作之余还能做出成就来。"

年轻人听了老者的话，反思了自己之前的态度。他开始认真对待起现在的销售工作，并且利用自己对计算机的知识，开发了一款可供消费者对他所销售产品进行全方位了解的软件。这款软件使得公司的业绩一路上升，而他的才能很快就得到了老板的赏识，老板为此特地设立了一个 IT 部门由他来负责。他的计算机梦也就由此得到了实现。

同样的工作，年轻人之所以开始不顺，后来却取得了成功，就是因为他懂得了随遇而安的智慧。虽然不是自己原本理想的工作，但他顺应境遇，将自己的所长应用到自己的工作中。当他抛弃不切实际的想法，尽全力去完成应该做的事情后，新的机会和新的岗位自然就向他走来。

人生没有永远的坦途，人生的际遇千差万别，种种差别都是正常的，面对同样的境遇有的人愤愤不平，有的人却能随遇而安，让时光把人生的棱角磨平，让岁月把人生的羁绊冲散。

生活中很多东西，靠人力是无法得到的，比如容貌，比如机遇，比如感情。一个真正聪慧的人不会执着于其间的得失，而是随遇而安，乐观面对，安于脚下的根基，把眼前的一切当作发展的动力，这是一种淡泊宁静的人生修养，这是我们一飞冲天的必备条件，这也将帮助我们攀上人生的顶峰。

持一颗平常心，过禅意的生活

花木荣枯，人生起落，在这世间总有得意的时候也总有失意的时候。最难得的，就是保持一颗平常心。

在这个个性张扬、浮躁忙乱、争逐物质和感官享受的红尘世界中，不少人的心被撩拨得蠢蠢欲动，不是为追求名利、患得患失所劳役，就是被尔虞我诈、钩心斗角所左右，一有所得就喜形于色，一有所失就闷闷不乐，随之而来的必然是痛苦和烦恼。

若能一切随他去，即使身处繁忙都市，也是自在人间。

随心，便是别去过多苛求外物，任世事变幻，也保留一颗平常心。

在生活中，常常一点点改变就会让我们陷入患得患失之中，得到一点荣誉，便怕失去；获得一点关注，便怕"过气"；有过一次挫折，就怕再跌跤；受过一次伤害，就怕再投入。我们会为很多诸如此类的小事轻易地失去平常心，因而也陷入精神的折磨之中。

平常心，是面对成就面对荣誉时的谦和自制，是面对失败面对挫折时候的不气不馁。平常心，可以让我们在顺境中不失于浮躁，从而稳扎稳打地更上一层楼；可以让我们在逆境中不自暴自弃，从而披荆斩棘，重返辉煌。

如何守住心灵的一方净土，使自己的日子过得顺心而滋润呢？我们不妨静下心来，保持一颗平常心。所谓平常心，即对待周围的环境做到"不以物喜，不以己悲"，更要对周围的人事做到"宠辱不惊，去留无意"，气定神闲，闲庭信步。

弘一法师，俗名李叔同，清光绪年间生于富贵之家，是一位才华横溢的艺术家，是名扬四海的风流才子，集诗词、书画、篆刻、音乐、戏剧、文学等于一身，在多个领域中开创了中华灿烂文化之先河，用他的弟子、著名漫画家丰子恺的话说："文艺的园地，差不多被他走遍了。"

但是，正当盛名如日中天之时，李叔同却彻底抛却了一切世俗享受，到虎跑寺削发为僧了，自取名法号弘一，落尽繁华，归于岑寂。出家24年，他的被子、衣物等，一直是出家前置办的，补了又补，一把洋伞则用了30多年。所居寮房，除了一桌、一橱、一床，别无他物；他持斋甚严，每日早午二餐，过午不食，饭菜极其简单。

弘一法师以教印心，以律严身，内外清净，写出了《四分律戒相表记》、《南山律在家备览略篇》等重要著作。他在宗教界声誉日隆，一步一个脚印地步入了高僧之林，成为誉满天下的大师，中国南山律宗第十一代祖师。正因为此，对于李叔同的出家，丰子恺在《我的老师李叔同》一文中写道："李先生的放弃教育与艺术而修佛法，好比出于幽谷，迁于乔木，不是可惜的，正是可庆的。"

前半生享尽了荣华富贵，后半生却剃度为僧。这种变化，在常人看来觉得不可思议，甚至在心理上难以承受，而弘一法师却以平常心淡定自然地完成了转化，淡然地享受着"绚烂之极归于平淡"的生活，并获得了人生的极致绚烂。

而没有一颗对待人生的平常心，又怎能达到这种境界？

保持一颗平常心，就能慎物结缘，自甘平淡。面对外界的各种变化，不惊不惧，不愠不怒，不骄不躁。面对物质的引诱，心不动，手不痒，于利不趋，于色不近，于失不馁，于得不骄。

有人说"现在人们最短缺的不是物质，而是一颗平常心"，我们暂且不判断这话的正确与错误，但拥有一颗平常心，面对外界的各种变化，做到不惊不惧，不愠不怒，不骄不躁，你的内心就抵达了禅意的境界。

1954年的世界杯，被广为看好的巴西队在一路顺风顺水杀入半决赛后，却意外地输给了法国队，没能将那个金灿灿的奖杯带回巴西。

球员们懊悔至极，感到无脸去见家乡父老。当飞机降落在首都机场的时候，他们做好了准备接受球迷们的辱骂、嘲笑和扔来的汽水瓶。然而当他们走下飞机时，映入他们眼帘的却是另一种景象：巴西总统和20000多名球迷默默地站在机场。人群中有一条横幅格外醒目："这也会过去！"

球员们顿时泪流满面。总统和球迷们都没有讲话，默默地目送球员们离开了机场。

4年后的世界杯上，巴西足球队不负众望，赢得了世界杯冠军。

这次回国时，在从机场到首都广场将近20公里的道路两旁，聚集了超过100万的球迷。巴西足球队人人意气风发抬头挺胸等待接受欢呼和喝彩。然而一下飞机，他们就看到了一条醒目的横幅："这也会过去。"

球员中参加过 4 年前那届世界杯的老将看到这条横幅几乎都流泪了。直道这时他们才真正懂得 4 年前那天横幅全部的含义。

这也会过去。在人生中，难免有成有败，难免有起有落，但无论成败都终究会过去，而生活却还要继续。失败时，保持一颗平常心，才能汲取教训，越挫越勇；成功时，更需要保持一颗平常心，才能不骄傲自满，迎接下一次挑战。

保持一颗平常心，淡然去看待问题，我们才能离成功更近一步。人生在世，岂能时时顺心、事事如意？只有保持一颗平常心，淡然处世，我们才不会被烦恼所扰，才不会被俗事所累。

成功没有捷径，但是好的心态却可以成为我们成功的助推器。任何时候，成败都是暂时的，都会过去，而一颗不因外物而转的平常心才能带给我们长久的平静、安宁和禅意的生活。

不钻牛角尖，身心均自在

叶圣陶老先生说得好："读书忌死读，死读钻牛角。做人，亦是如此。"

条条大路通罗马，然而生活中，我们往往只找到一条路，就急不可待地走下去。若幸运是条康庄大道还好，若不巧是条死路，就只能一条路走到黑。

俗话说："日出东海落西山，愁也一天，喜也一天；遇事不钻牛角尖，人也舒坦，心也舒坦。"的确如此。什么是钻牛角尖呢？在一般情况下，这用于形容遇事思维僵化，办事不知变通，最终山穷水尽、无法自拔。

这个世界上没有什么是唯一的或不可替代的，无论少了什么，太阳依然升起，四季依然流转。很多一时看似没有出路的困境,只要换个角度,就能柳暗花明。只是我们被自己思维的惯性所困,才封闭自己另寻出路的可能。其实,只要将心放宽,学会洒脱随心的人生态度,就会发现,昔日的绝境不过是自己钻了牛角尖,退一步,便海阔天空。

小月和初恋情人小卫是高中时的同学,两个人从被家长和老师想方设法铲除的早恋开始,一起考上名牌大学使恋情从地下转为地上,一起留在北京找了工作进入谈婚论嫁阶段,这期间两个人风风雨雨地走过了整整7年时光。

然而就在小月沉浸在对结婚的憧憬中时,小卫突然提出分手。而分手的原因,是小卫爱上了别人。

小月怎么也没法接受这个现实,她不能想象,和自己相爱相伴了7年的恋人竟然能这样绝情,说变就变。小月哭着跑去小卫的公司找他,给小卫的父母打电话,还整夜地站在小卫的楼下就为了见他一面。然而小卫始终避而不见。

小月绝望了,她在过去7年中关于人生的所有目标和规划都是建立在自己和小卫在一起的基础上的,小卫的离开,让她觉得没有活下去的理由。于是小月服安眠药自杀,所幸发现得早,被救了回来。

经历了生死的考验之后,小月不再去想小卫,而是一心专注于自己的工作、生活,她开始健身,也时常买一些礼物送给自己,时间长了,她发现自己已经不在乎小卫的背叛了。她还重新遇到了一个和自己相知相爱的人。如今的小月有一个幸福的家庭,也已经是一个孩子的母亲。当她想起自己的过去时,她几乎不能相信自己曾为小卫选择轻生。那时候绝望地以为生活不会再幸福,现在回头,才发现不过是钻了牛角尖而已。

我们很容易像小月一样,因为太长时间陷在同一种生活方式里,以为这就是全部的人生,却不知不觉中钻了牛角尖。就像扑火的飞蛾,把火光当作生活的唯一希望,不顾一切地去追求,结果却将自己逼上了绝路,最终粉身碎骨。

　　人在世间，常有很多的不如意，很多的不稳定和变故。这样的时候，我们常常陷入负面的情绪，只反复诘问"为什么总是我？""为什么世界对我这么不公平？""为什么就没有人能理解我？"若如此，我们只能在自我厌恶和敌视他人的道路上将自己逼入死角。面对人生中的不如意，若能做到洒脱从容，随心而安，不钻牛角尖，很多烦恼和痛苦其实都可以避免。

　　随心，就是当遇到"山重水复疑无路"的特定时期时，不钻牛角尖，打破传统的思维，多一点创造性思维，该转弯时就转弯，那么问题往往便可迎刃而解，出现"柳暗花明又一村"的景象，许多事情也都能变不可能为可能，甚至能变坏事为好事，如此也就没有什么烦恼而言了。

　　摩诃是德国西部某小镇上的一个农民，前段时间他看上了一片售价很低的农场，但是当他真正买下那片农场后才发现自己上当了。因为那块地既不能够种植庄稼和水果，也不能够养殖，能够在那片土地上生长的只有响尾蛇。

　　面对这样的事情，很多人都替摩诃惋惜，不过摩诃没有气急败坏，因为他知道生气也没有用，不如想想办法，把那些"坏东西"变成一种资产！很快，他就发现一条好的出路，所有的人都认为他的想法不可思议，因为他要把响尾蛇做成罐头。之后，装着响尾蛇肉的罐头被送到全世界各地的顾客手里，他还将从响尾蛇肚中所取出来的蛇毒运送到各大药厂去做血清，而响尾蛇皮则以很高的价钱卖出去做鞋子和皮包，总之响尾蛇身上的所有东西一下子在他手上都成了不可多得的宝贝。

　　出人意料的，摩诃的生意做得越来越大，这让很多人刮目相看，摩诃成了当地的名人，也成了当地人们争相学习的楷模。现在，这个村子已成为了旅游景区，每年去摩诃响尾蛇农场参观的游客差不多就有上万人。

　　买下一块不能够种植，也不能够养殖的农场，对任何一个人来说都是一件糟糕的、无可救药的事。值得庆幸的是，摩诃并没有死钻牛角尖，非要将之当农场一样经营，也没有一味地生气抱怨，而是想到如何从这种不幸中脱离出来，于是真的改变了自己的命运。

就像数学家高斯小时候，当老师让算从1加2加3一直加到100时，他没有像别的孩子那样一个个加起来，而是将头尾数字两两相加，如此另辟蹊径，将一道原本复杂的问题快速解决了。其实生活中处处都充满这样的智慧，当困境到来时，不要死求一种解决方式，不要钻牛角尖，换个心态，换种方法，你会发现，本以为会压垮自己的难题竟也可以轻松面对。

在山穷水尽的时候，不钻牛角尖，在迈出困境的同时，也许就获得了海阔天空的改变，如此我们也就会少一些郁闷，多一些开心；少一些烦恼，多一些幸福，身也舒坦，心也舒坦。如此，再多坎坷的道路，也能迎来柳暗花明的风景。

缘分有聚散，最好是眼前

"有缘千里来相会，无缘对面手难牵。"我们喜欢把世上所有的机缘巧合归于"缘分"，而究竟什么是缘分，却没人能说得清。

缘分，是我们作为单独的一个人孤独地出生、孤独地成长中的礼物，因为，缘分，原本陌生的人走入我们的生命，陪伴我们走过原本孤苦的旅程。缘不知所起，一往而生。就像清风，它随时来，却也随时散，即使我们张开双臂也无法将它切切实实地抱在怀里，即使我们握紧拳头也无法把它留在手中。

正是因为缘分的不可强求，不可强留，它才更加珍贵。正如老子所说的"道法自然"，"自然"便是道，它根本不需要效法谁，道是本来如是、原来如此，所以谓之"自然"。

老子的意思是说，凡事都不可强求，只要顺其自然就好。尤其是缘分，本就是可遇而不可求的存在，该是你的，早晚是你的。不该是你的，怎么努力也得不到，既然如此，何不敞开心怀，万事随缘，多一份洒脱，多一份快乐。

有这样一个故事。

从前有个书生，和青梅竹马的一位小姐早有婚约。可是婚约定好的日子未到，未婚妻却嫁给了别人。书生因此大受打击，就此一病不起。家人找遍各处名医，试过各种偏方都没有用，眼看书生奄奄一息。这时一位过路僧人听说情况，决定点化一下他。

僧人来到他的床前，从怀里摸出一面镜子叫书生看，书生看到一名遇害的女子躺在海滩上。这时，走过来一个人，看一眼，摇摇头，走了；不久，又走过来一个人，将自己的衣服脱下，给女尸盖上，也走了；又走过来一个人，过去挖了一个坑，小心翼翼地把尸体掩埋了。

书生不明所以。僧人解释道："那具海滩上的尸体，就是你未婚妻的前世。你是第二个路过的人，曾给过他一件衣服。她今生和你相恋，只为还你一个情。但是他最终要报答一生一世的人，是最后那个把她掩埋的人，那人就是他现在的丈夫。"书生听罢恍然大悟，缘分本由天定，又哪是自己所能强求的，于是心结解开，病也很快痊愈了。

这个故事告诉我们，茫茫人世间，缘起缘灭皆为自然，不可强求。也许我们与有些人的缘分仅止于一个擦肩而过，一个下雨天共撑一把伞走过同一段路，在人生中一段懵懂青涩的岁月中彼此陪伴一段年华。缘分起止有度，莫要强求更多，不如就带着珍惜和感激的心对待这些在我们生命中出现过的人，温暖过的季节。

人的一生，相聚分离皆可用一个缘字囊括。相识是有缘，错过是无缘；相爱是福缘，相憎是孽缘。而缘偏偏是我们无法掌握之事，既然如此，就不如一切随缘。

因此有人说：成熟的人不问过去；聪明的人不问现在；豁达的人不问将来。

缘分最是奇妙，缘分的事任谁也说不准。我们都猜不透，只知道它可遇而不可求。

既然不能强求不属于我们的缘分，那我们所能做的，就只有珍惜属于我们的爱。

很多时候，我们总是喜欢将眼光穿过身边的人望向别处，却忽视了那个一直陪着自己的人。我们总是喜欢去追寻看不到的感情，却学不会珍惜身边的那份真情。总认为得不到的才是最好的，殊不知，一直在身边的才是最好的。也许身边的人给你的感觉像是左手握右手，给不了你想要的激情，但他会一直在你身边守护你，为你遮风挡雨。

腼腆的男孩和羞涩的女孩，因为相同的爱好、共同的理想，他们的心一天天地靠近了。可是那几个字却是如此难以说出口。

终于有一天，男孩鼓起十足的勇气，来约这个女孩去看电影。当女孩看到涨红了脸的男孩时，她禁不住一阵心跳。但女孩总觉得自己生活才刚刚开始，以后还会遇到更让人心动的王子般的男人，于是她拒绝了男孩。

男孩失望地走开了。接下来的日子，两人依然过着以前平静的生活，依然是心有灵犀、无比默契地在一起学习和工作，依然是看着对方的眼神充满阳光。

终于有一天，男孩再次鼓起勇气，来约女孩一起出去吃饭，并且准备在吃饭的时候告诉女孩自己有多么喜欢她。

女孩心里已经在点头了，可是站在自己喜欢的人面前，她仍摇了摇头，因为她想起妈妈说过："拒绝一个男人三次，你才知道他是不是真的爱你。"

男孩又一次无比难过地走开了。

女孩一直在等待着她的第三次约会，可是男孩再没有来过。后来女孩在生活中遇到了很多让人心动的男人，他们比男孩更加高大、英俊，可是女孩发现，像当年她和男孩之间的那份默契却再也遇不到了。这时候她才明白，其实自己一直都爱着那个曾经陪在自己身边的男孩。

故事的结局只会让大家一阵遗憾，可是在现实生活中，有多少人、多少事情也在重复着上演呢？对于身边的人，因为我们太习惯他们的存在，而忽略了珍惜与他们之间的缘分，直到错过才追悔莫及。

很多时候，真爱就近在眼前，你的内心已经离不开他，可是熟悉让你总是忽略他。就像呼吸，我们意识不到自己在呼吸，可是我们却无法停止呼吸。

人总是这样，得不到的就是最好的，握在手里的，往往不懂得珍惜，到头来不仅自己遍体鳞伤，也伤害了那个深爱自己的人。爱，本来就是一件百转千回的事，众里寻他千百度，蓦然回首，那人原来一直都在这里。

能走在一起是因为缘分的牵引，既然有缘就要好好珍惜。不知你有没有发现，对于已经拥有的东西，我们总是视而不见，而且认为那感情是理所当然的，也没必要再去呵护经营，却拼了命地去追逐那看不见的、不属于自己的浪漫。

缘分，美好却不可强求，不可复得。既然如此，就好好珍惜因缘分而出现在身边的人。珍惜缘分，才能拥有缘分，惜福的人，才能长久地幸福。

假如生活欺骗了你，就要去适应它

生活中，人人都在追求着公平，都渴望着公平。然而就像五个手指不一样长，世界上很多事都没有绝对的公平。

为什么自己出生在偏远地区的农家，而不是城市里的知识分子家庭？为什么自己相貌平庸，而学习不如自己的他人却靠做模特日进斗金？为什么自己大学毕业的时候偏偏赶上国家不再分配工作？为什么自己拼命工作，而老板却把晋升的职位给了一个亲戚？为什么自己成家立业的时候房价较几年前翻了数倍？

每个人都在经历着各种各样的无奈。遭遇生活的不公平时，很多人无法适应，怨天尤人，整天活在忧郁之中，这或许能解一时之气，但我们也就等于被生活击垮了，更别提获得安然的生活方式了。

其实很多时候，生活只是给了我们一个顺应环境、挑战自己、从而攀上顶峰的机会，却是在我们的愤愤不平、一再抱怨中，我们自己亲手将这样的机会断送，最后只能永远沉浸在对上天的埋怨中。

泰戈尔说："是我们自己看错了生活，却说它欺骗了我们。"很多时候，当我们觉得自己被生活所欺骗时，保持一颗洒脱平和的平常心，适应环境，就能在困境中谋得发展。

上天眷顾的人只是少数，而我们只是那大多数中的一部分。既然这样，我们何必对那些不公平的人或事耿耿于怀呢？正确的方法是温和宽容、平心静气，以忍灭嗔，不被不公平所牵绊，思考如何更好地适应生活的不公，创造公平。正如比尔·盖茨所说："生活是不公平的，你要去适应它。"

小李大学毕业后被分配去了基层，对此，小李一直愤愤不平，觉得自己受了莫大的委屈。为此，他选择了消极怠工来抗议。小李每天迟到早退，交给他的工作也拖拖拉拉，即使完成，也总是粗心大意漏洞百出。领导若提出批评，小李就没好气地说："反正就是这小地方的这点工作，出点错又能怎么样。"

而和小李一起被分派来的小王，虽然初来基层也很失落，但他很快调整好了心态，认真对待基层的琐碎工作，把自己每天的任务做好之余，还主动承担一些额外的份额。小李常常劝小王说："你何必那么用心，在这小地方你做得再好也没什么发展空间。"对此，小王都笑笑，不放在心上。

后来他们工作的单位分到了晋升指标，小王毫无争议地拿到了一个，而小李却与之无缘，只能继续困在他所厌恶的基层工作中。

小李原本和小王面对同样的不公，也拥有同样的机会。但小李因为无法顺应着不公平的境遇，失去了平和之心，结果自己断送了改变命运的机会。

普希金有一首短诗《假如生活欺骗了你》："假如生活欺骗了你，不要忧郁，不要愤慨；不公平时，暂且忍耐。相信吧，快乐的日子将会到来。"面对不公平的待遇时，请接受普希金的劝告吧。保持一份随心的潇洒平和，暂且忍耐，生活才会好起来。

小蔡来自西安山区的一个贫穷农村，专科毕业后为了谋生他来到西安一家大型企业做保安。最初，这个小保安感到很沮丧，因为在很多人心中保安是和"素质低下"、"没有文化"这些词关系密切的。曾有同学想给他介绍对象，对方女生"啊"地叫了一声："什么？一个保安？"连要求外来人员出示证件这种例行的工作，他也会碰钉子："哎呀，你不就是个保安吗，还查什么证件呀！"

这些经历让蔡琰感觉自己不被尊重，他一度眼红，很不服气："命运为什么这么不公平？凭什么那些白领们在干净优雅的办公室里办公，而我却要站在风里雨里站岗？"不过，很快他调整了自己的心态，决定努力缩小与这些人的差距，之后他利用所有的闲暇时间来充实自己，他利用休息时间攻读英语、经济管理、社会心理等课程。由于什么都是从头学起，小蔡学得很拼命，就算是坐火车回老家时他也拿着书在看。有时，看到周围的队友业余时间在看电视、打篮球，他也心里痒痒的，但一想起别人说的"你不就是个保安吗"，他就会咬牙学下去。

就这样，"潜伏"了近三年，小蔡通过成人高考考上了西安师范学院的经管系，他一边工作，一边学习。通过几年的认真学习和实践锻炼，他的个人能力得到了提高，并以全班第一的优异成绩毕业。一毕业，他就被一家大型企业录用了，月薪比保安工作翻了好几倍，他已经是一名真正的白领了。

出身贫困，没有学历，没有关系，蔡琰面临了太多的不公平，但是他凭着勤奋与坚持，取得了令人瞩目的成功。这个事例告诉我们一个道理：不要在公与不公上多做计较，放弃抱怨和愤怒，接受不公平的现实，及时做一些更有价值的事情，把力用在发展自己、提高能力上面，那么早晚有一天生活会给我们公平的回报。

面对生活的不公平，每个人因了自己的修养、意志、胸怀、境界的不同，会有很不同的态度，会做出不同的反应。正是这种不同，造就了一个人和另一个人、一些人和另一些人的不同人生。换句话讲，一个人能否成功，主要取决的不是他如何面对公平，而是他在不公平的环境中有怎样的表现。

有这样一种人——他们早已知道，生活中没有绝对的公平。当不公平出现的时候，他们不会愤怒，不会抱怨，也不会惊慌失措，而是把它当作人生必修之课去应对，必做之题去演算。无论生活是公平的还是不公平的，他们都能够温和宽容地对待，以忍灭嗔，坚持自己给自己公平。

唯有适应当下的环境，才有机会去改变自己的处境。当生活欺骗了你，相信吧，快乐的日子总会来临。而在这样的日子来临之前，守住一份随心的潇洒从容。只有这样，当机遇到来时，你才能抓得住它。

第十二章

宽心，豁开天地

每个人都有处理伤口的经验，小伤口消毒涂药，大伤口缝合打针，留下的伤疤有待时间抚平。与其追逐着过去的伤悲，不如看开一点，赶快打点行装奔赴未来，人生有那么多东西值得你去经历，更好的事物正在前方等待着你。

生气，是因为心不够大

海阔凭鱼跃，天高任鸟飞。这样的境界哪怕只是想想，也觉得妙不可言。这样的生活谁人会不期待呢？然而生在广阔世间，我们却常常因为一些小事郁郁不乐，从而一叶障目，看不到整个世界的阔大。

人人都希望过上无忧无虑的生活，然而现实毕竟不是桃花源，我们每天都面对着种种琐碎的烦恼。

"真倒霉，又塞车了。""真倒霉，又没车位了。""真倒霉，饭里居然吃出了沙子。""真倒霉，刚洗了车又下雨了。"……诸如此类的小小烦心事，我们每天都在经历着，却依然常常为这些天天都在发生的小事大动肝火，破坏着自己的心情。

大千世界，芸芸众生，烦恼是不可回避的话题。每个人或多或少都会认为自己很倒霉。的确，每个人的人生都不能圆满，总会有些缺憾让人悲叹：儿女双全却父母双亡；知书达理却形象欠佳；事业有成爱情却在低谷……如果仅仅挑出不幸的那部分，世界的确是由一群倒霉蛋组成的。而且，别人的烦恼不一定比你少，你绝对不是最不幸的那一个。

烦恼一旦生根，就会生长，最初一丁点小问题，越想就越觉得严重，越想就越是不顺心，于是人就烦躁起来，开始为每一点小事而怒气冲冲，总觉得世界上所有人所有事都联合起来触自己霉头，惹自己生气，却没想过，同样的世界，为何有人活得津津有味，自己却总是愁眉不展。

人人都有不顺遂，只是对于心宽的人来说，他们可以以自己的大度化解生活中的大多数不愉快，从而获得乐观的人生。

宽心，以内心世界的豁达来接受世间的烦恼，并以乐观的火焰，把烦恼都化为推动生活列车孜孜向前的动力燃料。

一个小和尚心头常常被各种烦恼占据，他为此焦虑不安，夜不能寐，他觉得他受了很多苦：自幼父母双亡，被亲戚扔到佛寺；没有受到父母的关怀，却经常被凶恶的和尚们恶语相待；饭没吃多少，每天却有干不完的活……有一天，他找到寺院的住持，诉说自己的不幸。

住持并没有安慰他，反倒说："谁又是幸运的呢？你以为别人没有受过你这样的苦？也许他们比你还不幸。"

"那么，他们到底是如何熬过来的呢？"小和尚问。

住持让小和尚端来一杯清水，他在清水里放了一勺盐，命令小和尚喝一小口，然后问他："咸吗？"小和尚皱着眉说："又咸又苦！真难喝！"

住持又带小和尚去了寺院后的湖边，将那杯盐水倒进湖水里，又舀了一杯递给小和尚。小和尚喝下后，他问："苦吗?"小和尚摇摇头："不苦，甜甜的!"

"你看，这就是方法。"住持微笑着说。

溶解苦难的，只有宽广的内心。狭窄的心胸，就仿佛是一杯水，一勺苦恼的盐就能让整杯水都咸涩；而心胸若宽广如湖如海，那么一勺盐就什么都影响不到。苦水只会越吐越苦，还不如把它放进更大的水域，让它渐渐稀释。

心宽的人不以烦恼为意，甚至有时候看着烦恼，他们会不由自主地笑出来，因为他们已经看穿了烦恼的本质，看穿了什么样的努力能解决烦恼，什么时候对烦恼束手无策，产生"尽人事，听天命"的感悟。一旦能够这样想，自然就能笑对烦恼。

如果你的心灵足够宽广大度，再多的苦都不能改变你的笑脸。与其生闲气，不如做正事。就像咖啡，有人只会抱怨它的苦涩，有人却懂得享受苦涩中蕴含的浓香。

真正的生活，其实是在日常生活之中的以宽阔之灵的享受。就像大海中的鱼，越是深潜，就越是感到水的压力和渔网的逼近，但如果能跳出水面，就会看到一番海阔天高的美景。即使再次潜入深海，它也已经是一条开了眼界、有了见识的鱼，它从此可以比较天蓝和海蓝的区别，思考鸟的翅膀和鱼的鳍有什么不同。总之，一旦你的心灵能够跳出生活的囹圄，获得更广阔的胸襟，烦恼就会变得渺小，根本不值一提。

一个男人走进心理诊所，和心理医生诉说了最近的烦恼，他与妻子相处不好，又和同事吵了一架，现在家庭冷战，公司冷战，导致他事事不顺。

接下来，他详细地说了这两个人：他的妻子无法理解自己，他发现妻子越来越多的缺点，越来越不能忍受她，所以关系也十分不好；那位同事呢，在董事长面前打了个小报告，列举了他的各种错误，让董事长对他心存不满，很影响他的升职。这些都是大事，让他没法不烦心。

心理医生说："既然对妻子这样不满，那为什么还不离婚呢？"

男人摇摇头，他从来没有动过离婚的念头。

心理医生又说："既然公司让你这么不愉快，那又为什么不辞职？"

男人立刻说："这份工作很好，我不想辞职！"

"既然你根本就不能离开他们，为什么不想想解决的办法呢？"心理医生说，"就拿你的同事来说，他说你有错误，你到底有没有？如果没有，你完全可以对你的董事长反驳，既然你不能这么做，说明他说的话是事实，这时候你应该想办法把事情做好。"

看男人认真听着，医生又继续说："不要执着于表面上的不愉快，如果你愿意看看事情的本质，你会发现最重要的东西，与其说别人让你心烦，不如说你在自找麻烦。"

在每日的生活中，不知有多少人喜欢自找麻烦，让自己或者大动肝火，或者耿耿于怀，然后就是怒气在心中酝酿，有时候迁怒于人，有时候憋成内伤。这样的人，总觉得是别人在触自己霉头，总把别人的一句话，一个不如自己意的做法反复琢磨，反复放大，到头来自己活得不愉快，还影响了人际关系的和谐。

大度，就是别去计较生活中那些不如意的琐碎小事。听到的话，听完就过去，别在心里反复琢磨是否有弦外之音；别人偶然的冒犯，就宽容地原谅，让你的心像野风吹过的空谷，人来人往，花开花落。烦恼，不过是其中的微尘，阳光一照，也不过透出些颜色，点缀你丰富的生活。如此，自己也可以将目光从生活琐碎的不如意中收回，投向更广阔的天地，从而获得海阔天空的豁达境界。

恨我的，我置之一笑

人是社会动物，而生活在社会中，就不可避免地面临着错综复杂的人际关系，也必然承担着人际关系负面一方带来的种种压力。

生活中，我们或多或少都在别人的态度中感受过被敌视甚至是被仇恨的压力。一次升迁，带来的除了祝贺，难免还有"他算什么东西，要不是走后门凭什么升他的职"的议论；一次成功，带来的除了喜悦，难免还有"就凭他也能成功，真是瞎猫碰上死耗子"的忌妒；一段美好的感情，带来的除了幸福，难免还有"秀恩爱，分得快"的恶意诅咒；甚至有时候只是穿上一件喜爱的衣服，也会招来"长那么丑却那么爱臭美"的恶毒攻击。

面对以上诸如此类的攻击时，我们原来的心理平衡被打破，不免会情绪急躁，大动肝火，有时甚至会和别人争得面红耳赤，以眼还眼以牙还牙，结果呢？争辩只能是越抹越黑，让别人的看法左右自己；斗，则大多是两败俱伤，彼此间感情恶化，自己也很难有好心情，却又何必呢？无来由的敌意是他人的错误，而我们若因此大动肝火，就是用别人的错误来惩罚自己。

既然如此，何不干脆置之一笑，以一种宽广的心胸将这敌意不着痕迹地化解，享受自己的生活，又何必太在意别人的眼光。

英国哲学家培根曾说："报复的目的无非只是为了同冒犯你的人扯平，然而有度量宽容别人的冒犯，就使你比冒犯者的品质更好。"

因此，在面对别人的有意攻击时，我们与其情绪激动地反唇相讥，与人争斗，不如温和一点，宽容一点？坦然自若地去面对。这样既能维护好内心的平衡，又能和风细雨地化解矛盾，进而赢得别人的赞叹，何乐不为？

南非前总统曼德拉是南非的民族英雄，在被关押了 27 年之后出狱。1994 年 5 月 9 日，曼德拉正式被国会选为总统。在宣誓就任总统的典礼上，他邀请了曾经看守他的 3 名狱警作为客人来参加典礼，并亲自向他们致敬！

此时，整个现场乃至世界都安静无声。毫无疑问，曼德拉的这一举动把人们惊呆了！因为谁都知道，这 3 名狱警在狱中不仅没有友好地对待他、照顾他，甚至还曾经想方设法地虐待过他。难道他不记得了吗？

在大家迷惑不解的目光中，这个饱经沧桑的历史老人发出了这样的感慨："当我走出囚室，迈过通往自由的监狱大门时，我已经清楚，如果自己不能把怨恨留在身后，那么我其实仍在狱中。"

曼德拉这一句深深的感慨，值得深思。换句话说就是：如果我们不能忘掉过去的仇恨，将其当宝贝一样抱着，那么无异于终生住在无形的"心的牢狱"里，生命永远得不到解脱。曼德拉没有仇恨虐待自己的狱警，更以不计前嫌的态度对待他们。他宽广的胸怀有如光风霁月，令人敬佩。

放下仇恨，原谅他人，让自己多一份轻松，对方也会多一份感动和感激，正可谓"人心不是靠武力征服，而是靠爱征服的"。更何况，一个人如果连仇恨都可以放下，都可以溶解，那么他还有什么不能放下的呢？

不让自己的心"坐牢"，这比什么都重要。

退一步说，有的人攻击你，很大程度上是因为你比他优秀，能力比他强，他之所以攻击你，是因为心理不平衡，"吃不到葡萄说葡萄酸"。因此，嫣然一笑，视若不见，充耳不闻，使这种攻击行为伤害不到你，拖不垮你，拉不倒你，挡不住你，做自己应该做的事情。

有句话说得好，当你比别人强一点的时候，别人会忌妒你，当你比别人强太多的时候，他们只能仰慕你。既然如此，那么，何不把来自于他人的敌意和中伤当作催你继续前进的动力，并以此来鼓励自己一路走向成功呢？

由于工作出色，林丽进入公司不到三年就被领导提拔了，她从一个普通会计晋升为财会小组长。遇到这样的好事情，林丽心里自然是美滋滋的，上下班路上都哼着小曲，但是很快这种好心情就被破坏了。

有一个同事心里不平衡，觉得自己是老员工，凭什么这么好的机会让资历尚浅的林丽"捡"了。于是，她对林丽的态度尖刻了起来，说话很不客气，有时还带着"刺"："有些人爬得真快，也不想想是谁在给她垫着背"、"人家年轻人长得好看，悄悄抛一个媚眼，自然就能得到老板的宠爱"……

听到这些，林丽自然明白对方所指，她很是气愤，但是理智控制了情感。办公室就几个人，她也不想搞得很僵，毕竟还要来往，而且自己也要发展和进步。于是，每当同事再对自己风言风语时，林丽都是嫣然一笑，继续埋头工作。

就这样，林丽顶着被否定的心理压力，不断地提高自己、完善自己，工作成绩越来越好，又一次次得到了领导的表扬。时间久了，这位同事也觉得林丽的工作能力的确比自己高出不少，也便不好意思再说什么了。

对于同事的敌意，林丽不是不可以撕破脸皮，同样恶语相向，然而如果这样她又能得到什么呢？糟糕的人际关系，令人反感的办公室气氛，以及"有点小成就就不能让人说一句"的更多中伤。幸而林丽是聪明的，她对于来自同事的敌意和仇视只一笑置之，就这样，在不断地上进和努力中终于得到了所有人的认可。

清者自清，以忍灭嗔，用实力证明自己，用涵养——而不是恶毒的回击来胜过别人。当你用温和宽容的态度来"迎战"对方强硬的攻击时，你会发现，别人任何的无理攻击与诽谤都会在你的柔声细语之中无用武之地，如此也就能和风细雨地化解矛盾，换来心安神定的人生活法。

恨我的，我置之一笑，这一笑之后，天地辽阔，阳光和煦。

不能掌控他人，却可掌控自己

每个人的心灵都是一方土地，你种下什么，就收获什么。如果你撒下的是乐观健康的种子，那么无论周围毒草蔓延，你依然会收获美好的东西；如果你撒下的是颓靡悲观的种子，那么即使被鲜花包围，你的土壤生长出的依然是杂草。

我们常常将自己的失败归罪于别人，考试失败，是因为别人打扰了你复习；任务没按时完成，是因为工作环境太嘈杂；上班总是迟到，不是赶上堵车，就是下雨，再不然就是赶到公司找不到车位——却从没想过如果提前15分钟出门，也许这些就都不是问题。

我们总是受着他人的影响，我们的失败是因为别人，我们的不快乐是因为别人。别人、别人，在我们对于"别人"的一再抱怨之中，早不知不觉将自己的生活拱手让给了他人。

既然别人不能改变，我们何不放宽心胸来接受别人的所作所为，同时，也保留自己的态度呢？

放宽心胸虽然并不能直接改变天气，但却可以让你选择在阳光下起舞，在雨中唱一首"雨中曲"；放宽心胸虽然并不能让你选择环境，但却可以让你选择在吵闹的地方开个派对，在安静的地方读一本好书；放宽心胸并不能替你掌控别人，但可以让你选择从他们身上受到积极的影响，也可以选择从他们身上获得消极的暗示。

是我们的选择决定了我们的心情，甚至改变了我们的际遇。既然这样，何不多往好的一面想呢？凡事多往好处想，你会发现事情远远没有想象得那么糟糕，再不幸的生活也可以是一片艳阳天。

苏格拉底单身时和几个朋友一起住在一间很狭小的小屋里，生活非常不便，但他整天乐呵呵的。有人问："那么多人挤在一起，你有什么可乐的？"苏格拉底说："我们随时都可以交换思想，交流感情，这是多么值得高兴的事情啊。"

过了一段时间，朋友们相继搬了出去，屋子里只剩下了苏格拉底一个人，但是他仍然很快活。那人又问："你一个人孤孤单单的，有什么好高兴的？""一个人安静，我可以认真地读书，这怎能不令人高兴呢？"

几年后，苏格拉底搬进了一座七层大楼里，他住最底层。底层的环境很差，上面老是往下面泼污水，丢破鞋子、臭袜子和乱七八糟的东西。苏格拉底还是一副自得其乐的样子。那人又好奇地问苏格拉底为什么高兴，苏格拉底回答："住一楼进门就是家，上下楼、搬东西都很方便，而且还可以在空地上种花草……这些乐趣呀，数也数不尽！"

过了一年，七楼有一个偏瘫的老人嫌上下楼不方便，苏格拉底便将一层的房间让出来，搬到了七楼，每天他仍然是快快乐乐的。那人揶揄地问："住七层楼是不是也有许多好处啊？"苏格拉底说："是啊！没有人在头顶干扰，白天黑夜都非常安静；每天上下楼几次，有利于身体健康；光线好，看书写字不伤眼睛。"

后来，那人遇到苏格拉底的学生柏拉图，问道："你的老师所处的环境并不那么好，但他为什么总是那么快乐呀？"柏拉图说："你不能控制他人，但你可以掌握自己；你不能左右天气，但你可以改变心情。只要你想，每天都可以是快乐的。"

美国最受尊崇的心理学家威廉·詹姆斯就曾说过这样一句话："我们的时代成就了一个最伟大的发现——人类可以借着改变自己的态度，改变自己的人生！"

同样是贫民窟，诞生过无数毒枭、流浪汉、罪犯、乞丐——因为"别人"都这样做，所以他们也成为其中一员；却也诞生过马拉多纳、阿德里亚诺、里克尔梅等一代球王——因为他们懂得掌控自己。同样是含着金钥匙出生，有人成长为纨绔子弟，有人却站在巨人的肩膀上做出更大的事业。

要获得成功和快乐没什么秘诀可循，唯一的办法就是耕好自己的"心田"。只要心境明朗，自足自乐，掌控好自己的人生，我们往往就能获得生命的新意和对生活的一种全新理解。如此，人生还有什么事情能被困住的呢？

查理出身贫寒，初中毕业后他就离开了家，赌博，斗殴，酗酒，同"边缘人物"混在一起。军事冒险者、逃亡者、走私犯、盗窃犯等一类人都成了他的同伴。最后，他因走私麻醉药物而被捕，受到审判并被判了刑。查理进监狱时声言任何监狱都无法关住他，他会寻找机会越狱。

但此时发生了一件事情，查理的妈妈寄来一封信："你提起被关在监牢多么难受，我真的可以理解。查理，你可以选择看着铁窗，也可以选择透过它看外面的世界；你可以成为囚友的榜样，也可以与那些捣乱分子混在一起。这一切，都在于你内心的选择。"看完妈妈的信，查理悔悟了，他决定停止敌对行动，争取好的表现，变成这所监狱中最好的囚犯，进而改变自己的人生。

积极的心态让查理看起来热切和诚恳，因而博取了狱吏的好感。从那一瞬间起，他整个的生命浪潮都流向对他最有利的方向，他顺利地获得了一份电力工作。"我一定要干好这份工作，我可以的。"查理继续用积极的心态从事学习和工作，他成了监狱电力厂的主管人，领导着一百多个人，他鼓励他们每一个人把自己的境遇改进到最佳的地步，最终他和他的囚友们都提前出狱，重回了社会。

进入监狱，每天和犯人们生活在一起，很多人因为这样的影响而更加堕落，仇视社会；而查理却掌握住自己的心态，在这样的环境里涤荡了内心，成为对社会有用之人。

外界的风雨你不能选择，但你可以用宽容的心接纳它们，然后掌控好自己，做正确的事情。

记住，你的心态是你唯一能够完全掌握的东西。练习控制你的心态，并且利用积极的心态来引导自己。如此，任由身边风雨，任由他人评说，你依然能在自己的道路上不断向前，走出精彩。

聪明人，凡事都往好处想

请先回答一个问题：你现在幸福吗？

如果答案是否定的，那么原因是什么呢？

在物质追求不断提高，生活节奏不断加快，而人际交流却日渐缺失的现代社会，让我们觉得不幸福的原因太多了：也许是伴侣不够温柔体贴，不够理解自己；也许是工作不够理想，事业不够成功；也许是儿女太过叛逆，让自己总是操心……我们总是因此而哀叹自己的生活，羡慕别人的幸福。可是如此种种，现代家庭，谁又能完全幸免呢？不同只在于，对于乐观的人，懂得凡事从好的方面去想，同样的境况便也充满了幸福。

当你抱怨伴侣不够体贴的时候，你可想过你已拥有了自己的家庭，下班后，万家灯火中有一盏灯为你而亮，仅此，你就比世界上很多无缘找到另一半的人幸福；当你抱怨事业不够成功时，你可想过你已拥有了一份自己的工作，你从中成为社会的一员，并不再需要仰靠他人生存，仅此，你就比世界上很多失业或无法经济独立的人幸福；当你抱怨儿女让你操心的时候，你可感激过你有幸将自己的生命通过他们延绵，你的人生里有了牵挂和陪伴，仅此，你又比多少孤寡之人幸福？

既然如此，何不放宽了心，以宽广的心融化事情不如意的那一方面。凡事从好的方面看，你会发现，你原本觉得平淡乏味的生活，原来处处闪着动人的光芒。

听说过这样一个故事。

在一个收藏家的家里最醒目的位置挂着一幅画，这幅画既不是出自名家手笔，也不是文物古董，跟收藏家的其他价值连城的宝贝相比可以说不值一文。然而收藏家却最喜欢这幅画，每天总是站在这幅画前思索很长时间。

收藏家的一个朋友来拜访，正看到收藏家对着这幅画出神，便也去端详这幅画。只见偌大的一张白纸上，除去中间的一团墨渍什么都没有，而这墨渍也仿佛随随便便泼上去的，并没有什么特别的美感可言。

朋友忍不住问收藏家："这幅画画的是什么？"

收藏家笑着说："这幅画的名字是'快乐'。"

"快乐？"朋友不解地说，"可是我除了那块黑墨什么都没看到啊？"

"正是如此，"收藏家意味深长地说道，"中间那块墨渍代表的是痛苦，而剩下的白色画纸代表快乐。我们每个人看这幅画时，总是盯着那一小块黑色的痛苦不放，却看不到背景里大量的白色快乐。所以我每天都要站在这幅画前反思我一天的生活，提醒自己那些被忽略了的快乐，而当我像这样把我的注意力都放在一天中发生过的好事中时，我就会发现，原来在不知不觉中，我已经拥有了最幸福的人生。"

人生在世，不如意的事常常出现，然而在不如意发生之外的绝大部分时间里，我们可正视到了这平凡中的快乐？我们总是拥有时不懂得珍惜，失去了才知道懊悔。我们不曾感激健康，却在生病后满心埋怨；我们不曾感激身边人，却在失去后痛苦不堪；我们不曾感激过晴朗的日子，却在糟糕的天气里愤怒诅咒。这样的心态，无论怎样优渥的生活你都不会觉得幸福。

想要幸福，就必须改变自己的心态，既要学会感激自己的健康，也要学会在生病时庆幸于这些身体小小的提醒让自己意识到健康的重要。是失去让我们懂得珍惜，让我们的拥有更有价值；是风雨让我们懂得享受阳光，也让我们感受到与身边人共撑一把伞的快乐。

塞翁失马焉知非福，事情既然发生就已不可逆转，然而事情总是有好坏两方面对立统一的，想要获得幸福，就要放宽心态，从好的方面来看，事情也许也会随之豁然开朗。

英特尔公司的总裁安迪·葛鲁夫在20世纪70年代，他创造了半导体产业的神话，他的身边行业的精英云集，然而，他的贴身助理拉里·穆尔却是个无论对半导体还是商业知识都一无所知的渔夫。

那是安迪·葛鲁夫第三次破产后的一个傍晚，他一个人漫步在家乡的河边，内心充满了阴云。悲痛不已的他在号啕大哭一番后，正望着滔滔的河水发呆，恨不得就此跳下去结束自己这苦难的一生。突然，对岸走来一位青年背着一个鱼篓，哼着歌从桥上走过。安迪·葛鲁夫被这个青年的情绪感染，便问他："你今天捕了很多鱼吗？"青年回答："没有啊，我今天一条鱼都没捕到。"安迪·葛鲁夫不解地问："你既然一无所获，那为什么还这么高兴呢？"青年笑着说："你难道没有觉得被晚霞渲染过的河水比平时更加美丽吗？"一句话让安迪·葛鲁夫豁然开朗。这个年轻的渔夫就是拉里·穆尔，在安迪·葛鲁夫的一再要求下，担任了他的贴身助理。

几年后，英特尔公司奇迹般地再次崛起，安迪·葛鲁夫也成了美国巨富。而拉里·穆尔一直被留在他的身边。每当别人质疑地询问安迪·葛鲁夫为何要这样重用一个没有丝毫专业知识的渔夫时，安迪·葛鲁夫都会回答："因为他知道如何从好的方面看事情，正是这样的态度，可以让我避免在负面情绪中做出不明智的决断。"

因为具备了凡事从好的方面看的智慧，安迪·葛鲁夫终于从低谷中爬起，重新创造了事业的辉煌，而拉里·穆尔也因为这样的智慧而改变了自己的人生。

要从好的方面看，就要把心放宽，能容得下不如意之事，然后以乐观的心态去审视事情的发展。看不开的人特别容易对现实失望，因为一次打击，他们会变得不相信努力，不相信感情，不相信未来。似乎一次打击就判定了终生，让他们再也不愿看看那些更美好的事物，只一味地认为自己看透了人世，这种"看透"，恰恰是不够透彻，因为他们连自己的悲伤都不能越过，怎么能看到悲伤后面的东西？

对待不如意，放宽心才是我们的最佳态度，而放宽心之后，我们便会从好的方面来看事情。这样，既改善了心境，生活也会有转机。

苦闷惆怅，是因为你不够阳光

散文家朱自清先生在《荷塘月色》中，描写了荷塘的热闹场面后，却笔锋一转，淡淡地叹了一句：但热闹是他们的，我什么都没有。

这样的情绪，便是惆怅。它不是抑郁，不是悲观，只是心底一种淡淡的叹息。它看上去并不影响生活，但总在你快乐的时候投下阴影，在你悲伤的时候来加重分量，在你选择的时候来扰乱你的判断，在你想要振作的时候对你耳语："算了吧，反正不过就那么回事。"

惆怅，就是在一望无际的天空中始终有那么一片阴云，挪也挪不走，丢也丢不开，时时刻刻都可能干扰你的生活。太多的惆怅还可能连成一片阴霾，激发你更多的负面情绪。本来生活多姿多彩，你却偏偏长时间地沉浸在叹息之中；本来你有让人羡慕的一切，你却还总是不能尽情感受。

很多人都觉得自己的生活不够好，这并不是一种抱怨，也未必说出口，只是心里一直有这么个念头。这种惆怅的核心内容是：XX 很好，但不如我想象得那么好。至于想象得有多好，他们自己也不知道。

这种"吃着盆里的，惦着锅里的"心态并不能简单地说是贪婪，而是一种混杂了羡慕、虚荣、失意的复杂情绪。多数时候，这就是对生活本身的惆怅感。当自己没有资格说不满意，不觉得哪里真的不好时，心中却还是隐隐抱着更多的期待，期望着别样的生活，这时就会觉得自己得到的不是那么完美，自己的生活只是看上去不错而已。

之所以这样感觉，不是因为生活的不顺遂，而仅仅是你的心里缺少可以照亮你美好生活的东西——阳光。

澳大利亚科学家曾经做过这样一个实验，实验的结果让人深思不已。这个实验是这样进行的，找几个年龄、职业、收入、能力相当的同性别测试者，假定一系列问题，观察他们的反应。这些测试如下：

让他们同时设想他们将各自拥有一份工作，这份工作符合他们的能力，年薪数额和奖金数额一模一样，只是工作的内容完全不同；

让他们同时设想他们各自娶了一名女性，这些女性都是秀外慧中的美女，各项条件都不错，旗鼓相当，只是性格不大一样，有的很活泼，有的很文静；

让他们同时设想吃一份顶级晚餐，名厨打造，价格高昂，菜式差不多，不同的是厨师不一样，一个来自西班牙，一个来自法国……

类似的测试还有很多，有些是测试人员直接帮他们选择，有些由他们自己选择。最后测试人员发现，几乎所有人对自己的工作、妻子、晚餐不满意，不管是不是出于自己的选择。他们不约而同地认为，其他人得到的东西更好，其他人的选择更正确，他们甚至懊恼自己为什么没有这样的运气。测试人员相信，即使把一模一样的苹果放在他们面前，他们也会认为自己手里的是最糟糕的一个。

泰戈尔说，如果你为错失的阳光哭泣，那么你也会错过头顶灿烂的群星。我们总是对着不属于自己的东西叹息，使其成为自己美好生命中的阴云，让原本属于自己心灵的美丽阳光照射不进来。

你在愿望实现的时刻只感觉不过如此，你在梦寐已久的夏威夷海滩只觉得百无聊赖，你在朋友为你举办的派对中落落寡合，因为你觉得"热闹是他们的，我什么都没有"。

请睁开眼睛看看你的生活吧，其实你什么都拥有了，你还有家人，还有朋友，还有健康，还有智慧。你的生活并没有给你带来任何无法摆脱的荫翳，你心中甩不掉的惆怅不是来自外界，而是你的心不够阳光。

请试着把心放宽，让过去的就那么过去吧。把目光的焦点从虚幻的过去未来放在眼前身边的人和事上，让阳光把内心照亮，并以阳光开朗的心态来面对生活，如此，惆怅和苦恼都会远去，你所忧虑的未来也会自然而然地到来。

大学时，陈辰长相普通，身材平平，看上去没有任何特长。在班级里，她显得那么普通，一开始没有人会去留意她。但她有个优点，就是既可以将目光放在现实，也有梦想有追求。她梦想自己拥有青春美丽的笑容，有不错的人缘；她梦想今后自己工作能力出众，遇见喜欢的男生；她梦想结婚时自己是人人羡慕的漂亮新娘，穿着全世界最漂亮的婚纱。

陈辰的优点就是敢想敢做，她觉得自己就像拿着一支画笔，不断勾勒出生活的轮廓，以美好的方式经营着一种精致，并让自己的生活慢慢接近梦想中的样子。她发现，自己的梦想是那么重要，甚至主宰了自己的快乐，如果没有了可供向往的未来，每天都活得没有动力；如果拥有了向往，就会对未来充满期待，有迎接挑战的勇气。

就算结婚以后，在琐事繁多的婚姻生活中，陈辰依然不肯放弃梦想，她向往节假日和丈夫一起去旅行，向往生一个健康漂亮的小宝宝……

有一年的大学同学聚会上，依然年轻漂亮的陈辰与别人谈笑自若，自有一种"一夫当千军"的气概，一些同学纷纷向陈辰讨教幸福生活的秘诀。

看着那些脸上写满了生活琐事的同学，陈辰问道："你们的梦想是什么？"很多人都无奈地表示：现在只想怎么把现实中的日子过好，管它什么梦想。"这就是你们的不幸所在，因为生命里一件宝贵的东西——梦想已经被磨平了，消耗了。"

直到现在，陈辰依然爱"做梦"，她享受着幻想的过程，也享受着将梦想变为现实的过程，她觉得自己拥有的比全世界还要多。

就像故事中的女主角，当别人都在为曾经的生活惆怅，她却将目光放在现实的生活，并在此基础上憧憬着将来的一切。想象中的未来，本就应该充满阳光与欢笑，而不是愁云惨雾，始终延续着过去的惆怅。

痛苦总是与幸福成对出现，谁都有痛苦的经历，而真正受苦的人，不会整天叫嚷命运不公，不会为已经发生的事过分惆怅，因为他们知道再多的抱怨也不能改变自己的处境，再多的叹息也于事无补，只有自己才能救自己。只有心中的幸福感压倒痛苦，你才是幸福的人，才能焕发自己的光芒，而不是依靠他人的温暖生活。

冷的时候，要懂得自己去接近阳光，让身体和心灵暖起来。骤雨过后，天空就会格外晴朗，有时候还会出现美丽的彩虹。就像人生之中，不顺心总是不可避免，但不要为此让心灵陷入苦恼惆怅。把心放宽，用内心的阳光来照亮生活，世界也就随之明亮起来。

忌妒他人的优秀，不如增强自己的才能

看到别人拥有自己想要却没有的东西，人难免会生出对对方的羡慕和对自身境况的失落。但如若这羡慕和失落持续发酵，转为对对方的敌视，忌妒便随之而生。

忌妒，是每个人都不愿承认，却难免多少有之的消极情绪。忌妒一旦产生，便会在心里无限地扩张起来，把人的心境逼入牢笼，逼入窄巷，逼入死胡同。即使平日心宽之人，一旦怀了忌妒，便也成为小肚鸡肠之人，总怀疑对方每个举动都是在炫耀，总觉得对方每个举动都是在奚落自己。于是，一方面拼命抹黑攻击对方，一方面自己心里又妒火中烧，气愤难平。结果便是既使得人际关系失和，又让自己心中不快。

忌妒进一步发展，就会产生阴暗心理，开始幻想这个人如果能倒点霉，开始

希望这个人有不为人知的缺点，开始希望发生什么事伤害这个人，总之，一切让这个人难受的事，都能让自己高兴。这种情绪继续发展，幻想就会变成实际行动。最初是恶意的窃窃私语，然后是造谣，甚至破坏对方的机会，对对方进行人身攻击……总之，忌妒损人不利己。

人们为什么会产生忌妒情绪？因为别人拥有了自己所没有的东西，特别是当人们认为自己的条件并不比对方差，却还是被对方抢占了机会，忌妒的情绪就会铺天盖地袭来。说到底，忌妒是一种小肚鸡肠，容不得别人比自己优秀。每个人或多或少都有忌妒情绪，如果不能宽心一些，把事情想开，把自己和他人看清楚，忌妒就会没完没了，人们也会一直被它摆布。

云洁刚刚升上高中，她是个文静可爱的女生，学习成绩也不错。她的好朋友靖更是同龄人中的佼佼者，不但外貌出众，学习成绩好，就连运动、演讲、歌舞这些事都不在话下，开学没多久就成了在校生公认的校花。云洁表面上很为好朋友开心，内心却不这么想。

云洁总觉得上天不公平，靖在哪一方面都比自己好，就连家境都比自己更优越，从初中开始，她就希望自己能够超过靖，可是每次考试，靖都排在她前面，不论她怎么努力，都缩短不了这个距离。她做靖做的习题集，背靖背过的词典，但是，她的成绩总是比靖差。

到了高中，这种事还在继续，无时无刻不在折磨云洁。她温习功课的时候，总是想着靖用了多少时间，导致自己胡思乱想。她觉得靖的每一个举动都很碍眼，靖的每一个成功都让她生气，她暗暗盼望靖能在同学面前丢一次脸，只有这样她才开心。她有时也会希望远离靖，去看不到靖的地方生活，但这又是个不切实际的幻想……

她不知道应该如何摆脱这种情绪，她甚至在班级网络上匿名说靖的坏话，让同学们对靖有意见，每到这时，她就有一种快感。等自己回过神来，又很自责。她以为文理分班后，这个问题就迎刃而解，因为两个人会分到不同的班级，但她又觉得，她还是可能忌妒靖，忌妒她以后考上的学校，忌妒她以后交到的男朋友，忌妒她以后的工作……

忌妒不能给自己的境况带来改善，只能是在自己原本的不如意之上再加一把煎熬的妒火。只懂得忌妒的人永远一事无成。所以，学着不忌妒，能够给生活带来很多实际的便利，因为谁都喜欢一个性格好的人，而不是一个心理阴暗的人。

与其忌妒别人身在高位，抱怨自己怀才不遇，何不马上去寻找机会；与其忌妒别人的风光，抱怨自己虚度光阴，何不马上找点事做；与其忌妒别人十项全能，抱怨自己条件不好，何不立刻去充实自己……停止你的忌妒，看更多更重要的东西，让你的心宽一些、再宽一些，你会发现与其沉溺于鸡毛蒜皮的琐事，不如尽快行动起来，改变此刻的境遇，如此，你才能有更广阔的人生。

通过行动，你可以选择自己成为什么样的人，甚至超越你忌妒的那个人。不要把你的时间浪费在忌妒上，要调动所有因素来增加自己的资本，学习对方的优秀之处，缩短两个人的差距。改变生活的是踏实的态度，而不是一肚子酸水，整天为无聊的事喷口水。

汤姆是美国一家小图书馆的职员，每天的工作就是整理书籍，负责读者的借阅，有时候还要修补坏了的图书。

这是一个薪水很低却清闲的工作，没什么升职加薪的希望，每个职员都懒洋洋的，看着图书馆馆长工作轻松，每个月都有机会外出考察，忌妒情绪不知不觉滋生。他们越来越不喜欢工作，因为"馆长什么都不做就有高薪，为什么我们要累死累活"，只有汤姆从来不说这种话，他不认为这种酸溜溜的语气能够改变自己的境遇。

这天，馆长突然对他们说："最近日本发生了地震，虽然不是我们国家的事，但上面有意借着这个机会做一次逃生教育，你们快去做一个如何在地震中逃生的小册子，作为知识手册发给来图书馆的读者。"

职员们都不太高兴，他们问：

"为什么不找专门的作者?"

"有加班费吗?"

"这并不是我们的工作吧?"

只有汤姆立刻找了地震相关的书籍,拿回家开始整理这本小册子,为了更全面,他还找了面对其他灾害(如台风、海啸等)时需要做出的应对措施。这些工作用了五天时间,五天后,他把弄好的稿子交给了馆长,馆长看了他一眼,并没有说什么。

小册子顺利印刷,免费发放给借书的读者,馆长还在小册子上特别加上了汤姆的名字,这为汤姆带来了名气,很多杂志找他约稿,让他多了不少额外收入。更让他意外的是,那次以后,馆长每次外出都带着他,有什么重要任务都交给他。没几年,他就成了副馆长,成了同事们忌妒的第二号人物。

因为心胸宽阔,所以当别人忙于忌妒、抱怨的时候,汤姆扎扎实实地做着自己的工作,并最终得到了回报。

明理的人才能心宽,当你忌妒别人的时候,不妨先想想他人成功的道理,绝大多数时候,他人获得的东西比你多,是因为他们付出的努力比你多,承受的压力比你大,担负的责任比你重,把你换在他的位置上,你未必做得好。

及时扑灭忌妒之火,才能维持心灵的安静平和。我们不能控制忌妒的产生,但一定要克制忌妒的发展。

每个人都应该有容人之量,即使你很优秀,总会有人比你出色。记住,一旦你忌妒他人,就是承认了自己不如对方,承认了自己没有能力超过对方。一花独秀不是春,百花齐放春满园,与其忌妒其他花朵的芬芳,不如和它们一起,各自展示各自的美丽,组成完整的春天。

不要让忌妒过久地缠绕着你,真正优秀的人都是心灵的胜利者,不会看着别人的收获泛酸,于是,我们的生活中,也就充满了沁人的甘甜。

第十三章
正心，大道天成

> 我们难免遇到一些挫折和麻烦，比如工作中感觉不顺利，比如生活中感到疲惫不堪。这时候，我们没必要抱怨或者沮丧，我们最需要做的就是把以前画上句号，做好现在的自己，然后以全新的姿态开始新的一天。

常自省，为自己修身养性

在我们每天的生活中，我们都在不断和别人建立起各种各样的关系，也在此过程中不断审视与评价着他人，却很少以同样客观的角度来反思自己每日的所作所为，来评价自己是否依然保有一颗充满正气的心。

孟子曰："吾日三省吾身。"

自省，是在自我反思、自我认知的基础上达到省悟，是修身养性的第一步，是保持一颗端正的心的必要条件。

现代社会的高速生活中，压力太多，诱惑太多，欲望太多，想保持一颗清洁如水、平衡如秤的心越来越难。我们在压力下变得暴躁易怒，在诱惑中步入歧途，在欲望中开始唯利是图，而能对抗这些转变的，就是自省，以自省的力量将自己从人生的弯路上带回。

自省，是对自己，对自己的学识、能力、所处境地的清楚认识。我们每天都从别人处得到各种评价，但这些评价里有多少是发自真心，有多少是一时气愤，又有多少是出于礼貌、出于善意的鼓励，或出于下级有意的巴结呢？有时候，因为处在不适合的位置上，我们不得不承受上级、前辈和做得更好的人的再三指责，时间长了，我们便也对自己生出了怀疑；有时候，因为获得了较高的地位，每天听到太多真心假意的称赞夸奖，时间久了，就也不免飘飘然起来，丧失了自知之明。自省，就是要剥开外人出于各种不同目的的评价，触到真实自我价值的内核。

懂得自省的人，无论他人褒贬，始终能自信而谦虚地走在正确的道路上。无论外界是风雨的侵袭还是美景的诱惑，都可以保持满心的正气，不轻易为外界所动。而不懂自省的人，则只会看别人的笑话，给别人下评语贴标签，自己的错误也归在别人身上，一点来自外力的变化都可以让他们在人生的道路上偏离方向。

春秋时期，宋昭公一味喜欢听歌功颂德之词，从不反思自己政治上的问题，结果治国无方，终于引起动乱。

宋昭公也落得众叛亲离，被迫出逃。在路上，宋昭公开始反思自己过去的错误言行，他对车夫说："我现在才明白我为何会落得今天这步田地。"车夫问："为什么呢？"

昭公说："以前，无论我穿什么衣裳，侍从都说我漂亮，无论我有什么过失，大臣都说我英明。如果我懂得自省，就该知道自己没有他们所说的那么好，不过是因为他们或者怕我，或者有求于我，不得不赞美我。而我却不懂得自省，总把别人的奉承拿来当成真实的自己。这样，内外两方面我都发现不了自己的过失，最终落得如此下场。"

从此，昭公改弦易辙，每日三省其身，不到两年，美名传回宋国。宋人又将他迎回国内，让他重登王位。他死后，谥为"昭"，就含有称赞他知过必改的意义。

对待自己，需要自省，对待他人，需要宽容。人非圣贤，孰能无过？过而能改，善莫大焉。一个人最大的敌人就是自我，对自我的超越过程，就是自省的过程。一个人最大的缺点，就是不知道自己有缺点；最危险的缺点，就是坚持已有的缺点；最无知的缺点，就是为自己的缺点辩解；最可笑的缺点，就是闭上眼睛也能发现别人的缺点，睁大眼睛也看不见自己的缺点。

佛家有云，人，必须时刻躬身自省，才能够修德进业。经常反思自己的人，能够谨其言而慎其行，不仅利己，更能利人。因此，古人把"善其身"作为处世的原则和标准，把"己所不欲，勿施于人"作为一种道德的标杆。

自省需要勇气，自省需要胆量，自省需要培养，自省需要面对。要自省，同时要敢于改正自己的错误。自省，既是一个人道德修养的起点，也是一个人通过修养所达到的人格境界。自省的最终目的是利他。所以，自省是需要通过努力才能达到的人格境界。

自省还包含着对于自己对他人所亏欠之事的记忆和反省。懂得自省的人，不会轻易忽略自己的错误，更不会把自己欠别人之事抛于脑后。自省的人始终知道自己的不足，知道自己对于他人的亏欠，因而既可以不断自我改进自我鞭策，也在面对别人时始终怀有感激之心，知恩图报。

苏格拉底是古希腊的著名哲学家，他十分注重自己的品行修养，要求自己不做亏心事，清白无瑕地立身于天地之间。

在伯罗奔尼撒战争结束以后，苏格拉底不幸被雅典奴隶主民主派政府逮捕入狱，判了死刑。临刑前，狱卒问苏格拉底："你还有什么要交代的话？"

苏格拉底想了想，说："我还欠邻居家一只鸡，那是几年前借人家的。当时因为手头拮据，没有付人家钱，后来就一直拖了下来。请求您转告我的家人，让他们务必代我偿还。"狱卒没有想到，一个大名鼎鼎的哲学家在临死前考虑的居然是这个问题，所以他以不可思议的口气问道："你就没有别的什么重要的事情交代?"苏格拉底说："没有了，就这一件大事，它关系到我的为人!"听了苏格拉底的话，狱卒流下了热泪。

苏格拉底的临终自省虽然只是一件很小的事情，但是却体现出了他高尚的道德品质。

面对死亡，苏格拉底想到的是自己对于别人尚还亏欠之处，这正是自省带来的。而正是这样的人生态度贯彻一生，苏格拉底才有了他宽容而睿智的人生哲学。

其实，所谓"省"就是"小看自己"，不要把自己想得如何高尚，从最小的事情上检讨自己，审视自己，才是自省的境界。

古人云："君子之过也，如日月之食焉。过也，人皆见之；更也，人皆仰之。"这就是说，日食过后，太阳更加灿烂辉煌；月食复明，月亮更加皎洁明媚。君子的过错就像日食和月食，人人都看得见，但是改过之后，会得到人们更崇高地尊敬。而自省，就是为了像别人一样看到自身的不足，清楚地认识自己，如此，才能常葆一颗端正的心，一份端正的人生态度。

端正人品，是衡量人生价值的标准

最能验证人生价值的，不是机遇，也不是勤奋或努力，而是一个人的人品。对于拥有一颗正心的人来说，即使没有轰轰烈烈、辉煌灿烂的一生，老时回首自己的人生也充满了满足和平静。而对于心术不正的人，即使靠手段暂时取得成功，也很难再有更高的发展。

连续八年高居世界大学排名之首的哈佛大学，面试题都是在考察面试者的品质，如正直、诚信、负责等；有的则侧重于检验一个人的性格，如宽容、耐性、心态等。这一切无不说明了一个道理：拥有优良的人品，你就会离成功的人生更近了一步！

一位哈佛教授给新生上素质教育课。只见他神神秘秘地从包里掏出一个玻璃瓶子，然后又拿出一些小石头。这下立刻挑起了学生们的好奇心，他们想：这位哈佛教授到底想要做什么呢？

紧接着，教授把小石头一块一块地装进瓶子里，直到再也装不下一块石头，然后他就问他的学生："装满了吗？"

学生们面面相觑，然后非常肯定地回答说："满了。"可是，哈佛教授似乎并不以为然，因为他又拿出一小袋沙子，在给学生们看过后，接着把沙子倒进了瓶子里，直到瓶子再也放不下一粒沙子。这时，他又问："满了吗？"

"没有。"学生们回答说。

教授笑了笑，说："对！不愧是哈佛的学生，一点即透。"只见教授又拿出一瓶水，缓缓地倒入了已经装满沙子和石头的瓶子里。

等到已经再倒不下水时，哈佛教授结束了实验，然后语重心长地问道："同学们，你们从这个实验里得到了什么启发呢？"

一位学生大声说："时间，时间都是这么挤出来的，只要你愿意，总能挤出时间来学习。"

另一位学生也抢着说："知识，无论你的知识多么渊博，总有你不知道的。"

教授笑了笑说："你们说的只是它的一部分意思而已。大家想一想，如果我刚才先放沙，再放石头，那么，石头还能全部装下去吗？先放石头还是先放沙，其中包含了我们人生一个很重要的道理。那么，什么才是人生的这块石头呢？"

学生们纷纷发表自己的意见。教授最后摇摇头说："是人品，人品就是这块石头。无论在什么时候，我们都要把别人放在第一位，先人后己，这是做人的基本。"

优良的人品源自一个人的内心深处，它不受地位、财富、环境等的限制。它的外在表现则是一个人的人格魅力，一个真诚、热情、诚实、肯换位思考的人，无论在怎样的岗位上都更容易获得和谐的人际关系和更广阔的发展空间。

真正的人格魅力是真诚的自我表露。当你把自己真实的一面真诚地展示给别人时，你就可以赢得信任。当哈佛的学生准备踏入社会时，导师一般就会对他们类似这样说："不管以后你们从事什么工作，都应该先做好一个人，不能仅仅因自己是一个律师、医生、商人或者农民等就放纵自己。你们必须记住：一个人首先应该是一个堂堂正正的人，并且一生都要为之不懈地努力奋斗！"这句话的真正含义，是告诉我们真诚厚道是一个人做人的根本，是值得一个人为之奋斗一生的。

老子的《道德经》中也说："天道好还。"所以凡事从真诚先行才是处世之上策。因为只有你真诚了，别人才会真诚。你是什么态度对人，别人就会以什么态度对你。不要妄想天下有不透风的墙，纸是永远包不住火的。想要抬头挺胸，便要真诚厚道、踏踏实实地做人。

海伦娜从哈佛毕业后，到一家公司应聘财务会计工作，面试时即遭到拒绝。因为面试官觉得她太年轻，无法胜任该工作。

海伦娜却没有气馁，一再坚持。她对主考官说："请再给我一次机会，让我参加完笔试。"主考官见她态度真诚，答应了她的请求。结果，她通过了笔试，由人事经理亲自复试。

人事经理对海伦娜颇有好感，因为她的笔试成绩最好。不过，当海伦娜告诉他自己唯一的经验是在学校掌管过学生会财务后，他觉得很失望，因为他不愿意找一个没有工作经验的人做财务会计。

人事经理只好敷衍道："今天就到这里，有消息的话，我会打电话通知你。"海伦娜从座位上站起来，向人事经理点点头，从口袋里掏出1美元双手递给人事经理："不管是否被录取，都请你给我打个电话。"

这样的情况，人事经理从未见过，他竟一下子呆住了。不过他很快回过神来，问："你怎么知道，我不会给没有录用的人打电话?"

"您刚才说有消息就打，那言下之意就是没录取就不打了。"人事经理对年轻的海伦娜产生了浓厚的兴趣，问："如果你没被录用，我打电话，你想知道些什么呢?"

"我希望你能告诉我，我哪些地方没有达到你们的要求，我在哪方面还不够好，我好改进。"

"那1美元是怎么回事?"人事经理用手指了指海伦娜手中的钱。海伦娜微笑着解释道："给没有录用的人打电话，不属于公司的正常开支，所以由我付电话费，请您一定打。"

人事经理马上微笑着说："那请你把1美元收回。我不会给你打电话了，我现在就正式通知你，你被录用了。"就这样，海伦娜得到了人生中的第一份工作。

面对拒绝首先要有坚毅的品格，没有足够的耐心和毅力是不行的。不过，这些都不是海伦娜获得工作的关键因素。海伦娜获得成功的最关键因素，是她表现了真诚，展示出了自己良好的品德。

圆满的生活与基本品德是不可分的。唯有修养自己的品德，才能享受真正的成功与恒久的快乐。其实，做人首先是看一个人的德行是否忠厚诚实，其次是否有所担当，再次是否忠孝仁义，最后才是是否拥有高水平的智力和技能。

人生不尽相同，也许并不是每个人都能闯出自己的一番天地，然而对于有良好品行，有一个正心的人来说，人生始终是充满了问心无愧的豪气和美妙的天地。

正直守信是无价宝，值得用生命去维系

马丁·路德在死前说："做违背良知的事，是会下地狱的。我坚持自己的原则，即使身死，我也要坚持正直。"正直守信的力量非常庞大，它是一个人在这个瞬息万变的世界得以立足的根本，是任何其他事物——一份事业，一份感情，一个家庭得以存在的基石。

那么什么是正直呢？正直需要的是一颗正心，主要体现一个人为人坦荡、秉公持正、坚持原则、刚正不阿。正直是做人、做事的一种态度，这种态度是人们所崇敬的。有了正直做人、做事的态度，还会给你带来意想不到的机会。可以说，正直是成就人生必不可少的一种特质。

正直守信的人，言必信，行必果。在工作中自然会受到上司的信赖和器重，在家庭中也更容易维护相互信赖相互依靠的和谐夫妻关系。这样的人，即使在坎坷的人生中也能走出自己平顺的道路。

正直的力量是庞大的，是其他任何东西都代替不了的。如果一个人缺少了正直，无论他拥有多少财富，也无论他有多大的权力，也永远成不了一个真正的成功者。当人们提到他的名字时，即使有羡慕之心，也不会有敬佩之情。

相反，一个人只要有了正直，即使他只是一个没钱财、没权力的小人物，也同样会受到人们的爱戴。当他需要帮助的时候，人们会积极地付出自己的力量。可以说，正直是一种气场，一种力量，它不仅能让人获得成功，还能让人无愧于人生。

从前，有一个叫皮斯的人被判了死刑，他是一个孝子，所以他希望自己能够

再回家见自己的父母一面。

在向国王提出请求之后，国王念在他孝敬父母的分上同意了，可是还是有前提条件的：皮斯必须找一个人来替他坐牢。如果他没有在规定的时间赶回来，替他坐牢的这个人将被处死。

国王的要求看上去非常简单，可是却很难做到，因为如果皮斯一去不返，代替他的人可就一命呜呼了。他的朋友达蒙说自己愿意帮这个忙。皮斯非常感激地对达蒙说道："谢谢你，请相信我，我一定会回来的。"

就这样，皮斯回家去探望自己的父母，而达蒙则被关在了牢里。所有人都说："达蒙这次肯定是上当受骗了，皮斯不可能再回来了。"可是达蒙仍然坚信，自己的朋友一定会回来的。

很快就到了皮斯要受刑的那一天。当达蒙被押赴刑场时，围观的人群中，有的人说达蒙很傻，有的人为他感到可惜，说他错就错在太过于相信自己的朋友。

可就在千钧一发的时刻，皮斯从风雨之中飞奔而来！他高声喊着："我回来了，我回来了！"

看到皮斯之后，围观的人都被他感动了，因为他们从来没有见过如此信守诺言的人。国王知道这件事之后，也为皮斯的举动而感动，于是就赦免了皮斯。

孔子曾经这样说过："人而无信，不知其可也。大车无輗，小车无軏，其何以行之哉？"一个真正意义上的人，言而有信是处世的基本法则。综观历史的长廊，诚信一直都是我们所推崇的高尚品格，"一诺千金"、"一言九鼎"、"一言既出，驷马难追"等和诚信有关的词语也是层出不穷。可见，诚信对于一个人来说有多么的重要。

佛学大家星云大师也曾说过："从政的人，能够信守承诺，才能取得人民的信任，才有办法推行政令；居上位的人信守承诺，可以激发属下效忠的斗志；朋友之间互相信守承诺，是巩固友谊的基石。"大到一个国家，小到一个个人，当信用成为安身立命的尺度之后，就可以转危为安，重获新生。

瑞士有一家钟表店门庭冷落，不甚景气。这家店的老板一直为此发愁，因为这样下去，不到半年，自己的店就会关门大吉了。

老板实在想不出任何办法来挽救自己的店了，就叫店员贴出了一张广告，上面说："本店有一批手表，走时不太精确，24小时慢24秒，望君看准择表。"

广告一经打出，很多人都迷惑不解，更有店主的好友打电话询问。店主坦率地说："我店里确实有一批这样的手表，我不想为了个人私利而损害大家的利益。"

出人意料的是，在广告打出不久，表店的生意开始好转起来，慢慢地，来这家店买钟表的人越来越多，很快销完了库存积压的手表。很多顾客正是被店主诚实、正直的做人态度所感动的。

俗话说，做人要美，做事要精，立业先立德，做事先做人。做任何事情，都是从学做人开始的。如果连人都做不好，还谈何事业。上面这个故事，告诉了我们：正直是有力量的，这种力量大得能挽救一家面临倒闭的商店。当然，正直的力量还不仅仅只是如此，它还能给人带来很多好处，譬如友谊、信任、钦佩和尊重，等等。

一个信守诺言的人，定会让别人景仰和爱戴。所以，无论什么时候，说出去的话一定要兑现，心中莫要生出阻碍行动的业障，即使可能会因此而付出一些代价，可是你最终收获的会更多。

佛家有云，万事万物皆在人心的一念之间，一念间可招福泽，一念间可引祸患。不管在什么情况下，做一个诚实守信之人，都会让我们少一些孤立无援，多一些援助之手；少一些磕磕绊绊，多一些坦荡之途。

没什么比忠诚更显高贵

在越来越多元化的现代社会，一人的自我价值实现是多方面的，包括才华、财富、能力、品德。然而无论是偏重于哪一方面，却有一种基础的价值不能缺失，它就是——忠诚。

忠诚是一个人实现其自我价值的基础条件。忠诚，包含着对自己的忠诚，对他人的忠诚，对集体的忠诚，以及对信仰的忠诚。一个忠诚于自己的人，才能执着于自己的梦想，不为外物所改变；一个忠诚于他人的人，才能建立起相互信任的关系，才能在各种合作中互惠互利；一个忠诚于集体的人，才能得到集体的重视和认可，从而获得更广阔的发挥空间；一个忠诚于信仰的人，才能在各种诱惑和压力面前不为所动，保持内心的坚定和从容，从而获得更加和谐安宁的人生。

忠诚的人才能保持一颗正心，因为对正义、对公理的忠诚，才能不在人生的道路上失之偏颇，甚至误入歧途。

从古到今，没有人不需要忠诚。皇帝需要臣民的忠诚，公司需要员工的忠诚，夫妻需要彼此的忠诚，我们每一个人也都需要亲人和朋友的忠诚。因此，有人说忠诚远比金子更为可贵。

忠诚的品质能赢得人们的敬重和信任，这是无论多少金钱也无法换取到的。缺乏忠诚之心的人会失信于人，最终还会导致人生的失败。

也许你会说，自己绝对忠诚，绝对不会出卖背叛自己的朋友。但是有些时候，由于自己守口不严、说话随便、思想松懈，说了不该说的话，就有可能无意中造成了泄密，给公司或者朋友带来了不必要的损失，这些都是不忠诚的行为。

还有许多人走进了一个误区，认为只要自己诚实善良，忠诚并不是十分重要的品质。然而事实上，忠诚的反面便是背叛和欺骗。一个不忠诚的人，必然在苦难到来时自奔前程，在硕果丰收时一味追求自我利益最大化。如此，一个人就成了自私、薄情、毫无担当、经不起诱惑的小人，又怎能保持其他的美好品质，守得住一颗正心呢？

20世纪80年代初，拥有上万名员工的日本十大纺织公司之一的重纺纺织公司董事长武藤先生将一位姓伊藤的小职员一路提拔到新任董事长。对于年轻伊藤的破格提拔，引起了轩然大波，外界对此猜测纷纷，而直到伊藤出版自己的回忆录时，人们才知道了这提拔背后的故事。

那年，钟纺公司下属的一个子公司因为各种问题效益不理想，常年亏损。武藤董事长便做出了遣散员工、关闭该子公司的决定。

这个消息传出来之后，员工们就纷纷无心工作，甚至抛下这里做到一半的工作，就开始发简历、参加面试，急于谋求下一份工作了。而只有伊藤，依然一个人坚守着自己的职位日夜不停地工作，积极有效地处理着公司的收尾工作。有同事看到了，便问他何必这么认真，反正马上要换别的工作了。伊藤回答："只要我还在这里一天，我就是钟纺的员工，我就必须忠于自己的工作，忠于钟纺公司。"伊藤的回答恰好被路过的武藤董事长听到，武藤感动于伊藤对公司的忠诚，当即破格调动伊藤回总公司当自己的秘书。

伊藤没有让武藤董事长失望，每次遇到事情，他始终忠于公司，以公司的利益为重。几年后，武藤放心地将这家全国有名的大公司交给伊藤来管理了。

也许伊藤不是所有员工中最为有才华、最有能力的一个，然而，对公司的忠诚使他拿出了自己百分之百的能力和才华来为公司服务，全心全意地以公司的利益为最重，如此，伊藤所能带给公司的，便比那些虽然能力出众却只肯用百分之五十的能力来工作的人更多了。

只要仔细观察，就不难发现，凡老板委以重任的人，都是他所信得过的、对公司忠诚的人。老板考察一个人，首先就是确信会不会对自己造成威胁，也就是要求对方忠诚可信；其次才是才能。而对那些看起来一脸聪明相的人，老板通常不会喜欢，因为他知道这样的人很难控制，随时会给自己制造麻烦，一旦功高必然自傲，难以驯服。正是担心会留后患，老板才会重用忠诚的人。

朗讯 CEO 鲁索曾说过："我相信忠诚的价值，对企业的忠诚是家庭忠诚的延续。我从柯达回到朗讯，承担着拯救朗讯的重任，这是我对朗讯的忠诚。"任何人离不开忠诚，可以说，一个人一旦丧失了忠诚，他将失去一切。

姜亮来到这分公司已经一年多了，当初老板明确说，只要在这分公司工作一年，就把他调回总部，让他做技术总监。可是老板对这个承诺一直都没兑现。姜亮知道陈朋是老板面前的红人，就叫陈朋帮他问问。

陈朋回到总部后，就找了一个恰当的机会专门和老板谈起了这件事。

"这个人品格有问题，不能重用。"老板说。

"为什么呢？"

"他之前所在公司是我们的竞争对手。有一天，他约我见面，说他掌握了那家公司一些很重要的秘密，如果我肯高薪聘用他，他愿意将那些技术秘密奉献给我。我答应了他的条件，给了他高薪，并让他当一个分公司的技术经理，但重用的事，一直不敢兑现。"老板说。

"你的意思是说，如果把他调回总部重用，他掌握了你的秘密之后，也可能出卖你，对吗？"陈朋说。

"是啊，他是一个不够忠诚的人，一个卖主求荣的人！原来那家公司对他很不错，他出卖了老板，使得那家公司一蹶不振。有了第一次，肯定会有第二次，重用他的话，下一个受害的可能就是我！"老板说，"我非但不肯重用他，我还准备辞退他，但在做好准备之前，我不能让他知道，谁能保证他在得不到他想要的东西时，会怎样疯狂地搞破坏呢？"

一个不懂忠诚的人，即使能力再强，也无法得到别人的信任，更别说委以重任。一颗正气凛然的心，一个品行端正的人，都需要以忠诚来彰显自己的品质。

如今人们生活压力很大，为了缓解压力，难免抵抗不住诱惑，背叛自己的忠诚。但是要明白，虽然出卖忠诚，你能获得一时的利益，但长期下来，损害的将是你的声誉和前途。当你身上被贴上了不忠诚的标签后，纵使你能力超群，你也无法获得成功的机会。更重要的是，一旦你遇到困难，很可能就会因为失去了忠诚，让自己陷入四面楚歌的绝境。

总之，忠诚是最高贵和最重要的品质。守护自己的忠诚，坚守自己的忠诚，这关系到一个人的成败与幸福。无论是在何时何地，扮演着什么角色，我们都要永远坚守住自己的忠诚。

要勤奋，唯独劳动能创造神圣

哈佛有一个著名的理论：人的差别在于业余时间，而一个人的命运决定于晚上 8 点到 10 点之间。每晚抽出 2 个小时的时间用来阅读、进修、思考或参加有意的演讲、讨论，你会发现，你的人生正在发生改变，坚持数年之后，成功会向你招手。这个理论表达出最重要的核心在于：只要你比别人更勤奋，你就更能创造奇迹，获得成功。

聚沙成塔，积少成多。许多人都忽略了这样简单的道理，一心只想一鸣惊人，而不去勤奋努力地工作，等到忽然有一天，看见比自己起步晚的人，比自己天资笨拙的人，都已经有了可观的收获，才惊觉自己浪费了时间，才叹息自己不够勤奋。

成功不会从天上掉下来，只有端正心态，不奢望天上掉馅饼的美事，勤勤恳恳兢兢业业日复一日地付出汗水才能浇灌出果实。如若心不正，总想着偷懒讨巧走捷径，即使暂时可以获得侥幸的成功，长此以往，也难以保证成功的果实。

一颗正心，是保证人在歧路面前选择勤奋的正路的指南针，是让人在面对各种诱惑时可以踏实心态、勤奋不息的定心丸，是让人在憧憬成功时不会投机取巧、掉入陷阱的护身符。一颗正心，加上不懈的努力，成功便不再遥远。

爱因斯坦就曾提出："人的差异在于业余时间。"每人每天工作的时间都是 8 个小时，付出的都差不多，获得回报也差不多，但要想改变自己的人生，让自己与别人不一样，那么就必须用好业余时间，谁的业余时间用在学习上的越多，那么他获得成功的概率就越大。

三国时期著名的谋臣诸葛亮少年时从学于水镜先生司马徽。诸葛亮学习刻苦勤奋，从不偷懒。即使这样，他依然不满足，总希望能有更多的时间来学习。

那时候没有钟表，而日晷又受天气影响较大，为了方便计时，司马徽便通过定时喂食训练了公鸡按时打鸣。诸葛亮见状便想：若能把公鸡鸣叫的时间延后，先生讲课的时间也就延长了，自己就能学到更多的东西。

于是，诸葛亮每天上学时就带些粮食装在身上，估计鸡快叫的时候就偷偷喂它一点粮食，鸡吃到粮食就不再打鸣了。

司马先生很奇怪，自己训练好的鸡怎么下课时总不肯鸣叫。于是便仔细观察，发现是诸葛亮捣的鬼时，司马先生不仅没有恼怒，反而被诸葛亮勤奋好学的精神感动了。于是便对他更加器重，更加毫无保留地将自己所学倾囊而授。就这样，在坚持不懈地学习中，诸葛亮成为了上知天文、下知地理、影响了一个时代的饱学之士。

哈佛某教授对学生说："你学我这门课，你一天就只能睡两小时。"学生想，那么，我学四门课，岂不是没有睡觉的时间了。哈佛的博士生，可能每 3 天要啃下一本大书，每本几百页，还要交上上万字的阅读报告。前人类学系主任张光直在哈佛读博士那几年，他除了去上课，基本上所有的时间都花费在图书馆上了。

哈佛过桥便是波士顿，他却从没有上过桥，没有去过波士顿。

成功没有捷径，想要成功，就必须端正心态，用日复一日年复一年的努力来砌筑通向成功的阶梯，只有这样，获得的成功才根基稳固，才不会轻易就一日倾覆。

所以，你要想获得成功，就得努力提高自己。一分耕耘，一分收获，任何有所作为的人，无不与勤奋有着一定的关联。

曾有人问李嘉诚成功的秘诀，李嘉诚讲了这样一则故事：曾有一位从事推销行业的新人，问日本"推销之神"原一平的成功推销的秘诀是什么，原一平当场脱掉鞋袜，对他说："请你摸摸我的脚板。"

这位新人满脸疑惑地摸了摸对方的脚板，十分惊讶地说："您脚底的老茧好厚呀！"原一平说："因为我走的路比别人多，跑得比别人勤。"记者略微沉思后，顿然醒悟。

李嘉诚讲完故事后，微笑着说："我没有资格让别人来摸我的脚板，但可以告诉你，我脚底的老茧也很厚。"当年李嘉诚每天都要背着样品的大包马不停蹄地走街串巷，从西营盘到上环再到中环，然后坐轮渡到九龙半岛的尖沙咀、油麻地。

李嘉诚说："别人8小时就能做好的事情，如果我做不好，我就用16个小时来做。"

李嘉诚早先在茶楼当跑堂，拎着大茶壶，每天10多个小时来回跑。后来当推销员，依然是背着大包一天走10多个小时的路。李嘉诚的脚板未必没有原一平的厚。

勤奋是成功的根本、基础、秘诀。没有勤奋，即使你天赋奇佳，也只能碌碌无为一生。任何一项成功都不可能唾手可得。因此，人应当在年轻的时候就培养勤奋努力的习惯。

日本最成功的企业家之一松下幸之助说过："我在当学徒的七年当中，在老板的教导之下，我养成了勤奋的习惯。所以在他人视为辛苦困难的工作，而我自己却不觉得辛苦，反而觉得快乐。青年时代，我始终一贯地被教导要勤奋努力，所以，我能力提升得很快，这让我抓住了很多的机会。"

要想获得成功，要想老去的时候没有任何悔恨，那么就必须勤奋。如果觉得自己天赋不行，那就更要勤奋努力，就如李嘉诚说的那样，别人 8 小时就能做好的事情，如果我做不好，我就用 16 个小时来做。要在工作上花费比别人更多的时间，只有这样，你才能获得成功，创造奇迹。

端正心态，勤勤恳恳，唯有如此，才能迎来属于自己的辉煌。

脚踏实地，才能走出一条康庄大道

脚踏实地，仰望天空，这是多么诗意的人生状态，也是每一个成功者在成功路上的真实写照。仰望天空，人生才有希望，才有目标，才能超脱当下蝇营狗苟鸡毛蒜皮的生活；而脚踏实地，才能将仰望天空时心中生起的梦想一步步转化为现实。

在现实生活中，仰望天空的人并不缺乏，每个人都对生活怀着或宏大或朴素的梦想——也许是事业的成功，也许是爱情的甜蜜，也许是家庭的幸福，也许是生活的安逸。正是这些梦想使得人们有了生活的动力。仰望天空是甜蜜的，充满梦想的美好。而相比之下，脚踏实地就朴实得多，也难做到得多。

脚踏实地，是要端正心态，清楚地认识到自己所处的境况，要能正视和接受自己所面临的问题，要把根深深地扎进土里，然后再向上延伸。脚踏实地，是要以一颗正心抵御浮夸的称赞巴结，抵御歪路捷径的诱惑，以自己所站立的地方为起点，一步步踏实向前。

还有些人心术不正，将成功寄希望于在高位的人倒霉而将位置让给自己，带着这种心态的人，因为不肯踏实努力，即使有一天位置真的空出来，也往往会由别人来填补。

脚踏实地和勤奋一样，都需要一颗可以阻挡欲望诱惑的正心，一颗可以不为物欲横流的外界所动的正气凛然的心。若心不端正，总幻想着彩票中奖、嫁入豪门之类的捷径，到头来人生只能是黄粱一梦。

脚踏实地本身并没有浪漫的成分，没有巨大的激情，没有掌声和鲜花。相反地，是种子在泥土深处萌发的孤独努力，是在泥泞的道路上留下的艰深足迹，是迫使自己直面自己所有的缺点和不足的痛苦挣扎。

然而，不积跬步，无以至千里；不积小流，无以成江海。哈佛的一位教授经常对自己的学生说："那些取得了较大成就的人，并不是一开始便居于高位，也不是有一步登天的本领，而是他们懂得控制住浮躁的情绪，通过踏踏实实的行动，不会因为各种各样的诱惑而迷失方向，一步一个脚印地向前迈进。"

王安石曾讲过一个叫仲永的天赋异禀的孩子的故事。

仲永自小被视为天才，5岁便无师自通，可以即兴赋诗，出口成章。在还未接触书本学习作文之前，他的诗已经颇有文理了。乡亲们对仲永大加称赞，他的父亲更是引以为豪。所有人都毫不怀疑仲永这样的天才日后必大有作为。仲永也心怀大志，从小便立志要当宰相。

然而仲永并没有为他的梦想付出脚踏实地的努力，而是在父亲的带领下，每天在乡里四处拜访，到处表演题诗来挣钱。就这样，沐浴在"神童"光环下的仲永，忘记了自己还是个需要学习的孩子的事实，也不肯脚踏实地地去读书和提高自己。结果几年之后，他就和同龄人无异了，他的天赋完全消失了。

因为不肯脚踏实地，即使如仲永这样天赋异禀的孩子也不能成功，只得平庸一生。何况对于大多数本身就算不上天才的人，脚踏实地就是改变命运最大的筹码，若不懂脚踏实地，即使天赋再高也难以谋求更好的发展。

面对工作，不能做到脚踏实地，就会不断地"吐苦水"，而且还把当前的工作搞得一团糟，结果他越抱怨，对于解决问题就越无益，还会导致焦虑和抑郁等负面情绪，渐渐地湮灭了他内心仅剩的一点点快乐与活力。

一个人要实现自己的理想，要人际关系越来越好，就需脚踏实地地从一点一滴的小事做起，不断地提高自己的能力，与朋友经常保持联系。

不能踏实地做人做事，就无法从"倒霉"的现状中逃离，那些最想摆脱现状的人，却总是更深地陷入在泥沼里。那么他们身上欠缺了什么？让我们看下面的故事。

李蕴从北京一所高校毕业后，进入了一家出版社工作。刚开始的时候，他的职位是秘书，主要的任务就是做些芝麻大的小事。李蕴心里很明白，自己是新人，没有工作经验，多吃点苦理所当然。所以，他在工作之余常常勤快地打扫办公室，给主编端茶倒水，也给其他编辑做些额外的工作。可是大半年过去了，社里还没有让他做编辑的意思。

面对这种情况，李蕴开始怀疑这份工作的意义了。他想，自己是从名牌大学出来的，难道就只能做这些乱七八糟、毫无意义的琐事？他开始在私下里跟朋友抱怨，打算等合同期满后马上走人。此后，他在工作中明显浮躁了很多，表现得非常不认真，主编吩咐他做的事情，他也只是敷衍了事。

一次，李蕴遇到同学小韩。小韩也在一家出版社工作，可如今人家已是一名策划编辑，主编对他很是器重。

当李蕴又开始抱怨时，小韩对他说："刚开始我跟你一样，做的是秘书工作，其实也是一名打杂工，但我从不抱怨，相信努力工作一定可以做出一番成绩。我觉得你目前最主要的是把这份工作做好，总有一天你会受到重用的。"

小韩的话，让李蕴记在了心里。他开始试着去停止抱怨。每当想要发牢骚时，他就会通过各种方法，努力让自己平静下来。渐渐地，李蕴感到浮躁的心态已经越来越少，取而代之的，则是工作的喜悦。他这才意识到，其实渺小的工作一样可以学到东西！

心态的转变让李蕴有了明显的进步。结果，没过多久，主编就让他尝试做编辑的工作，结果李蕴很出色地完成了任务，主编就让他正式成为了一名编辑。

李蕴从一名打杂工晋升为编辑，主要是他能脚踏实地地工作。人生总是充满挫折和痛苦的，如果你不能脚踏实地地面对，则会把一件简单的事情变得复杂。抱怨也好，歪心思也好，都不能改变自己的境况，只有一步一个脚印地前进，才能换来成功的机遇。

也许有人会问，你若脚踏实地地工作，什么时候才能成为成功者呢？其实，成功者大多是从最底层工作开始做起的，但不管做什么，都能脚踏实地地将本职工作做好，在平凡的工作中取得出色的成绩。也就是说，你要想离成功更近的话，那么你最好摒弃心浮气躁，开始脚踏实地地工作。

这个世界上从来就没有什么"世外桃源"，任何事情的完成都需要一个过程，好高骛远，眼高手低，这就相当于等待天上掉馅饼的机会。作为一个有责任、有理想的人，踏踏实实地去做，不断地去解决问题，才能不断提高自己的能力，让自己在竞争中脱颖而出。

仰望星空的时候，别忘了自己脚下坚实的土地。踩着这样的土地，一步一步走出自己的广阔天地。

第十四章
善心，福往福来

> 真正的强者，都具有悲天悯人的情怀，"哀民生之多艰"，并愿意尽一己
> 之力给弱者以帮助。历史上伟大人物莫不如此。我们应该学会善待他人，相
> 信每一个来到你身边的人都是来自上帝的恩赐，而你赋予他人的每一次善行
> 都必有回声。

善是以爱为圆心，以幸福为半径的圆

善良，是一个人所有美好品德的基础。因为心地善良，所以懂得体恤别人，
所以可以推己及人，所以慈悲，所以诚实，所以无私，所以相信世界的美好。这
样的人，心中充满爱，待人充满善，生活中便也充满幸福。

如果美德可以有形状，那么正直就该是刚直不阿的长方形，公正就该是不偏
不倚的正方形，勇敢就该是无坚不摧、锐气逼人的三角形，而善良，一定是以爱
为圆形，以幸福为半径的完美圆形。

善，是对别人苦难的感同身受，是看到幸福的人时的不妒和祝福，是遇到需
要帮助之人时不计回报地施以援手，是以爱的眼光和胸怀来感受世界，来面对和

回馈他人。善良的人，心里总带着对别人的体恤和慈悲，当世事不如所愿时，因为能体谅别人的难处，所以可以对不如意豁达地接受；当别人遭遇苦难时，总会给予帮助，并从帮助别人中获得内心的快乐；当别人获得幸福时，也能胸怀宽广地给予祝福，并分享对方的快乐。如此，善良的人便获得了远比其他人更多的内心的快乐和满足。

善良的人，可以带给别人快乐和幸福，又可以真诚地分享别人的快乐和幸福，于是，幸福就在这样的过程中加倍。没有人不喜欢和善良的人在一起，同样的事情，人们总是更愿意和善良的人结伴，同样的机遇，人们总是更愿意和善良的人分享。于是无形之中，善良便又带来了更多的回报。

有位妇人走到屋外，看见自家院子里坐着三位老人。她并不认识他们，但是她是一个善良的人，她对他们说道："你们应该饿了，请进来吃点东西吧。"

"我们不可以一起进入一个房屋内。"老人们回答说。

"为什么呢？"妇人奇怪地问。

其中一位老人指着他的一位朋友解释说："他的名字是财富。"然后又指着另外一位说："他是成功，而我是善良。"接着又补充说："你现在进去跟你丈夫讨论看看，要我们其中的哪一位到你们的家里。"

妇人进屋跟丈夫说了此事，丈夫高兴地说："让我们邀请财富进来！"

妇人并不同意："何不邀请成功呢？"

女儿听到了父母的谈话，建议道："我们邀请善良进来不是更好吗？"

这对父母应允了，妇人到屋外问："三位老者，请问你们哪位是善良？"

"善良"起身朝屋子走去，另外的两个人也跟着他一起走去。

妇人惊讶地问"财富"和"成功"："我只邀请善良，怎么连你们也一道来了呢？"

老人们相视一笑，然后齐声回答道："如果你邀请的是财富或成功，另外两个人都不会跟着走进去的，而你邀请善良的话，那么无论善良走到哪儿，其他两个人都会跟随的。哪儿有善良，哪儿就有爱，哪儿也就会有财富和成功。"

善良才能带来成功和财富。有些人觉得善良是一个太高的标准，很难做到，然而事实上，善良不过是日常生活一件件小事的堆积。

古语有云，勿以恶小而为之，勿以善小而不为。这是我听过的关于善恶之行最精妙的准则。

在这个现实而琐碎的世界里，绝大多数时候我们所做的善和恶都并不足以真的改变一个人更别说是拯救或害死一条命。然而善的目的本也并不在于"让世界充满爱"那般宏大，而是在有限的能力范围内，可以给另一个生命带去一点点美好，一点点就足够。而每多一个这样的人，这个现实而琐碎的世界也就多一分美好。所有这些琐碎渺小不值一提的美好加在一起，便叫作希望。

从前有一个穷困的和尚，每次出去化缘的时候，他总是面露喜色，且不停地说："因缘！因缘!"即使人们没有给他东西，他同样也是以笑待之。有的时候，一些不懂事的孩子会用石头去打他，可他仍旧笑着说道："因缘！因缘!"

每天晚上，这个和尚大多是在一些破庙里住。在一个寒风刺骨的晚上，一个书生因为天黑没有看见他，竟在他头顶上小解，和尚醒来之后并没有生气，只是笑着说了一句："因缘!"

书生发现之后，连忙道歉，和尚连忙说不用。

书生被他感动了，于是许诺："在你百年之后，我一定厚葬你!"

没过多长时间，因缘和尚就去世了，书生也兑现了自己的承诺，为其举行了非常隆重的葬礼。在将其火化的时候，奇怪的事情发生了，和尚浑身散发着耀眼的金光，向书生说道："谢谢你超度我，剩下的东西算是给你的补偿。"后来，书生在乞丐的骨灰中发现了几十颗水晶般透明的紫色舍利子。

在别人遇到困难的时候，伸出自己的一双援助之手，既不会给自己造成多大的损失，还有可能会给自己带来意想不到的好运气，这便是积德为善的福报。或许我们暂时看不到自己的回报，可是终究有一天，我们会听到那响亮的爱的回声。

善有善德，恶有恶报。有的人吝啬自己的帮助，不肯施以援手，在自己需要帮助的时候，才追悔莫及。这就是佛家所说的因果报应。要想得善果，就一定要有善因。慷慨予人，也是帮助自己。

生活就像山谷回声，你付出什么，就得到什么；种下什么样的种子，就会收获什么样的果实。做人应该保持一颗纯洁的赤子之心，行善济世、关心社会，而不只是一味独善其身，应随俗而不为外物所染。

无水不成海，无木不成林，正是一点点微小力量的集结，最终可以会聚成一股强大的力量。行善也是如此，只要你勇于奉献自己的爱心，从那些微小的事情做起，我们的这个世界就会因为你的善念而变得更加美丽。

奉献此生，生命将不再遗憾

现代社会中，随着经济的发展、物资的丰富，人们已经逐渐摆脱了单纯对于生存的需求而转向更高程度的对精神生活的追求。而发达的通信技术、便捷的交通工具和各种节约时间成本的机械的普及，人们有了更多的闲暇时间来满足自己的内心。

然而，当人们摆脱了物质匮乏的压力，闲下来时，却又突然发现，虽然现在什么都不缺了，内心却空虚了。

常常听到这样的悲剧：名牌高校的天之骄子因为种种原因跳楼结束了自己年轻的生命。原因虽然不尽相同，归根结底都是内心苦闷，失去了生活的目标和动力，觉得人生不再有切实的意义。

金钱和财富可以让我们的生存变得轻松，却不能填补我们内心的空洞。内心的丰富，则需要我们去追求更高的价值——为他人奉献的价值。

懂得奉献的人，人生便不再只是自己吃饱穿暖那么简单，而是从无私奉献中体会到生命本源的高级快乐，体会到与人同乐之乐，体会到带给别人快乐后，共同的快乐。

奉献使得人更有责任感，让人不再只为自己而活，而是为了让他人甚至让这个世界更加美好而活。这样的人，对生活永远充满动力和激情，内心也不会被空虚所打倒。

综观当今社会，不难发现许多社会精英都在以自己的方式为社会、为他人做着无私的奉献。

比尔·盖茨的总资产有 560 亿美元，而且连续 11 年成为世界首富。在一般人看来，如此富有的人生活肯定阔绰，应该不会把小钱看在眼里。但事实上，正好相反。一次，比尔·盖茨和一位朋友乘车前往希尔顿，由于去迟了，找不到普通停车处。如果停放在贵宾停车位上，要多花 12 美元。

"这可不是个好价钱。"比尔·盖茨不同意停在贵宾停车位上。

"我来付。"他的朋友说。但由于比尔·盖茨的固执，汽车最后仍然没有停放在贵宾停车位上。

是什么原因使盖茨不愿多花几元钱将车停放在贵宾停车位上呢？原因很简单，比尔·盖茨作为一位天才商人深深懂得花钱应像炒菜放盐一样恰到好处。哪怕只是很少的几元钱甚至几分钱，也要让每一分钱发挥出最大的效益。

但是如此"小气"的人对社会的慷慨大方却无人能及。20 世纪结束前，盖茨一次捐献了 20 亿美元，更新了美国所有中学图书馆的电脑。

2004 年前，美国《商业周刊》评选 50 位最慷慨的美国现代慈善家，盖茨以累计捐款 256 亿美金而名列第一，这些捐款已占了他个人财富的 60%，他还多次表示，在他的有生之年，要把自己价值 400 多亿美金的全部财富都捐献给社会。

比尔·盖茨在哈佛念到大二还没有结束就出去打拼天下了。这些年，他成立了儿童基金会、妇女基金会等，在各种场合捐款。为此，哈佛董事会认为，比尔·盖茨已经成长为一个有人文精神的人，一个懂得用道德和良知面向世界、知道用自己的智慧和财富回报社会的人，这符合哈佛的"为增长知识和智慧而进来、为服务国家和同胞而出去"的理念，因此，哈佛大学于2008年授给他一个"荣誉学位"。

也许有些人会觉得，自己没有比尔·盖茨那样的经济能力，所以也就没有什么可以拿来奉献的。然而，所谓"不以善小而不为"，正是说每个人一滴水的微小奉献，也能会聚成改变世界冷漠的汪洋。

爱心是不分贵贱的，不能用金钱来衡量一个人的爱心。只要你有一颗帮助别人和回馈社会的爱心，做自己力所能及的事情就够了。虽然一件小小的善举，对你来说，也许改变不了什么，但却能让受到你恩惠的人感受到像阳光一样的温暖。只要我们心存善念，学会奉献自己的爱心，学会散播自己的快乐，就可以将这个世界的太阳点亮，让它温暖那些伤心、贫穷、苦难的人们。

普通的年轻班主任王国明，在地震时他不顾自身安危指挥学生逃生。房屋垮塌的一瞬间，他用尽最后的力气将还没逃出去的女学生推了出去，而自己却永远留在了教室里。虽然他已不在人世了，但是他的幸福却永远地留了下来，成为了孩子们一辈子的幸福。

李春燕是大山里最后的赤脚医生。一间四壁透风的竹楼，成了天下最温暖的医院；一副瘦弱的肩膀，担负起十里八乡的健康。她没有任何编制，不享受国家工资和待遇，但她却坚持肩负起全村2500多人的健康。她在接受采访时脸上洋溢的那种幸福的表情，诠释了奉献可以给一个人的内心注入的力量有多大。

王国明和李春燕都是平凡的人，而就是奉献精神，使得他们不再平凡，也使得他们的人生有了不同寻常的伟大光辉。

总而言之，一个人的成就，不是你在事业上获得了多大的成功，赚取了多少金钱，而是在一生中，你善待过多少人，奉献出自己多少东西，有多少人怀念你。生意人的账簿，记录收入与支出，两数相减，便是盈利。人生的账簿，记录爱与被爱，两数相加，就是成就。所以，作为一个人，不要给自己人生留下遗憾，一定要时时刻刻懂得奉献自己的爱心。

以慈悲之心，善待每一个生命

在以慈悲为怀的佛家思想里，"放生"是第一大功德，所以和尚们都不杀生，如此有助于修行。

而我们时常放生，依照因果循环之理，得到的将会是大福报。心存善念的人，便会以"人道"的精神对待所有的生命。如此，"放生"就不再单单是将鱼放回水中，将虫放回草中那样直接，而有了更深、更广博的含义，就是——以仁慈之心，善待所有生命。

"救人一命，胜造七级浮屠。"佛家这句偈语可以说家喻户晓、妇孺皆知。然而在日常生活中，"救人一命"似乎是件太不现实的事，更多时候我们所面对的不过是鸡毛蒜皮的困难和坎坷。然而正是无数鸡毛蒜皮的不断堆积，最后成为压倒一个人的巨大力量。所以，当我们心存善念，慈悲地去对待他人，帮助他人渡过一个微小的困难，给他人一句简单的鼓励时，我们就无形中减轻了他人身上的无数压力的石子中小小的一块，而当我们去恶意中伤，哪怕只是一句漫不经心的讥讽时，我们就在那压力的石头上又添上了一块。只是我们永远不知道，哪一次我们加诸的石头就成为压倒对方的最后一根稻草，也不知道哪一次我们减掉的石头就将对方从自我毁灭的边缘救回。

而肯定的是，如果我们不断地向别人施加负面的能力，那么我们便也背负起推人走向深渊的罪孽；如果我们不断地以慈悲和善意减轻他人的痛苦，那么即使我们从未做过"救人一命"这样宏大的善事，我们也拥有了慈悲的福报。

澳大利亚人尼克·胡哲天生患有"海豹肢症"，也就是说，他生下来就没有四肢。为了像正常人一样生活，他付出了比常人多几倍的努力，才终于像同龄孩子一样进入了学校。

然而在学校里，他不得不面对其他人异样的眼光，以及别的孩子的讽刺捉弄。

他说，有一次，在经历了无比糟糕的一天后，他绝望了，他想自己已经做出了那么多艰苦的努力，承受了那么多痛苦，为什么还是得不到别人的认可？自己从来没做过伤害别人的事，为什么要过这种受人歧视、受人欺负的日子？他当时在心里想：我受够了，如果今天再有一个人这样对我，我就放弃所有的努力，我就自杀。

这时，身后响起一个女生的声音："尼克！"

他心想：这一刻要来就来吧，尽情羞辱我吧，明天我就不存在了。

他转过身，却意外看到了一张和善的笑脸。那女孩跟他说："你今天看起来好极了。"

很多年后，已经成家的尼克·胡哲说起这个瞬间依然不能自已。这个女生，用最简单不过的一句鼓励，在那个灰暗的日子里救了他一命。

你不知道，什么时候你的一句讥讽就成为压垮一个人的最后一根稻草；你不知道，什么时候你掩鼻走过的那个捡垃圾的老人，只要一顿热饭就能撑过那个寒冬；你不知道，在你漫不经心之间，你毁灭了这个世上多少美好；你也不知道，如果你慈悲一点点，对待他人善意一点点，你能给多少人留下温暖。

天道循环，报应不爽，佛陀教导人们要"放生"，有人理解为放过动物或者植物的生命，放过他人的生命，更深一点的理解为：心存慈悲，善待他人，如此，即使放了他人一条生路，也是对自己灵魂的放生。

"生命诚可贵"，大街上可怜的乞丐们，被抛弃的孩子们，被冷落的老人们，每个人都需要关爱，生活上也少不了关爱，那我们就应该去关爱他人，这样世界上才会充满慈悲的力量，充满爱的温暖！

"相逢何必曾相识"，人对他人的善待不是只存在于亲朋好友间，我们应该充满热情地帮助任何一个需要我们的人。慈悲，无须用多么高深的语言来阐明，也不必做出一番惊天动地来，完全可以通过点滴小事做起。比如，搀扶一个盲人过马路，去养老院探望孤寡老人，省下几包烟钱来帮助困难家庭，向希望工程捐献财物……

对许多人来讲，这些都是一些举手之劳的小事，却能使他人感到这个社会的温情。慈悲是冬日里的一缕阳光，使饥寒交迫的人感受到生活的温暖；慈悲是黑夜中飘荡在夜空中的一首歌谣，使孤苦无依的人感到心灵的慰藉；慈悲是洒落在久旱土地上的一场甘霖，使心灵枯萎的人感到情感的滋润。

在 20 世纪爆发的一场战争中，一名叫丽娜的普通家庭主妇从报纸上看到，参战的士兵因思念亲人备感孤单、失落，作战士气极为消沉，于是她决定以亲人的身份给他们写信：收信人是"每一位参战的士兵"，落款一律是"最爱你们的人"。信的内容风趣幽默、关怀备至。直至战争结束，丽娜一共寄走了 600 多封信，她认为自己所做的一切都不值一提。

日子一天天过去，转眼间战争结束已经快 10 年了。一天清晨，丽娜梳洗完毕要去上班，打开房门的一刹那，她惊呆了：门口笔直地站着一排排穿戴整齐的绅士。他们每人手里拿着一束玫瑰花，见到她簇拥了上来，齐声喊道："我们爱你，丽娜女士！"丽娜此时像万人追捧的明星，被鲜花和掌声包围着。

原来，在战争结束 10 周年之际，参战士兵联合会进行了"战争中我最难忘的事"的评选活动。所有收到信件的士兵至今都难以忘怀，在那段艰难的岁月，这些信给了他们无穷的信心和勇气，于是他们决定找到写信人。通过寄出信的邮局，他们知道了丽娜的详细地址，相约来答谢这位伟大的女士。

丽娜的眼睛湿润了，她从没想过，一封封信件居然会让这些经历了战火纷飞、生离死别的老兵们念念不忘，此时的她是幸福的。

慈悲，真的是一件神奇而美好的事物，当你以善良之心对待其他生命时，你的心便和他们有了交会，你的生活也因此被无形地扩展。在这样的慈悲善举之中，幸福同时降临于实施善举者和接受善举者。一份的付出，便由此开出双份的花朵。

"只要人人都献出一点爱，世界将变成美好的人间。"歌曲《爱的奉献》中这句歌词表达了人们对爱的呼唤和向往。无论何时何地，我们要善待生命里的每一个人，以善良的心、慈悲的爱来温暖整个世界。

尊重他人，是获得尊重的前提

马斯洛理论把需求分成生理需求、安全需求、社交需求、尊重需求和自我实现需求五类，其中被尊重的需求排在了第二高的位置。

被尊重的需求既包括对成就或自我价值的个人感觉，也包括他人对自己的认可与尊重。

每一个人都有被人尊重的欲望，只有当我们的劳动、我们的成果得到他人的尊重时，我们才可能实现更高等级的自我实现的需求。

但尊重是相互的，只有你尊重别人，别人才会尊重你。相互尊重是疏通、协调各种人际关系时最重要的一环。只有相互尊重，才能打消对方的疑虑，博得对方的信任。

一个不尊重他人的人，是绝不会得到别人的尊重的，就如一个人对着空旷的大山大声呼喊，你对它不友好，它就不会友好地回应你。所以说，在人际交往中，你自己待人处世的态度往往决定了别人对你的态度。

某著名企业的总部设在纽约曼哈顿，是一幢七十多层楼高的大厦。环绕大厦的是一片郁郁葱葱的花园绿地，这在寸土寸金之地更显出该集团与众不同的实力。

一天，一位六七十岁、头发花白的老人像平时一样，正拿着一把大剪刀在给园中成片的低矮灌木修剪枝条。这时，一位四十多岁的妇人带着一个十二三岁的小男孩出现在老人的不远处。妇人好像很生气的样子，不停和男孩说着什么。

忽然，妇人从随身挎包里揪出一张纸巾揉成一团，一甩手扔出去，正落在老人刚剪过的灌木上。白花花的一团纸巾在翠绿的灌木上十分显眼。老人看了看妇人，妇人满不在乎地也看着他。老人没有说话，拿起那团纸扔到不远处放剪下枝条的一个筐子里。

老人拿起剪刀继续剪枝，不料，妇人又将一团纸扔了过去。

"妈妈，你要干什么？"男孩奇怪地问妇人，妇人对他摆手示意让他不要吱声。老人过去又将这团纸也拿起来扔到筐子里，刚拾起剪刀，妇人扔过来的第三团纸又落在了灌木上，就这样，老人不厌其烦地拾了妇人扔过来的六七团纸，始终没有露出不满和厌烦的神色。

妇人指了指老人，然后说，"看到了吧！我希望你明白，你现在不好好上学，以后就跟面前的这个老园丁一样没出息，只能做这些低贱的下等工作！"原来男孩学习成绩不好，妈妈生气地在教训他，面前剪枝的老人成了"活教材"。

老人也听到了妇人的话，就放下剪刀走过来："夫人，这是集团的私家花园，好像只有集团员工才能进来。"

"那当然，我是某集团所属一家公司的部门经理，就在大厦里工作！"妇人高傲地说着，拿出一张证明卡冲老人一晃。

"我能借你的手机用一下吗？"老人突然问。妇人不情愿地把自己的手机递给老人，一边仍不忘借机教导儿子："你瞧这些穷人，都这么大年纪了连个手机都没有。今后，你可要长出息哟！"

老人打完一个电话将手机还给妇人。不一会儿，有一个人急匆匆地走了过来。那妇人看到他大吃一惊，她认识这个人，这个人正是某集团主管任免各级员工的一个高层人员，凭他的一句话就足可以免去她的经理职务。

妇人还以为他是路过，正赶紧上前打招呼，却没想到，他竟然毕恭毕敬地站在老人面前。

老人对他说："我现在提议免去这位女士在某集团的职务！""是，我马上按您吩咐的去办！"那人连声应道。妇人是一个经理，她虽然对此有很多疑惑，但她知道，她被解雇了。她颓然地坐到椅子上。她实在不敢相信，自己奋斗五年才坐到了如今的位置，却莫名其妙地被解雇了。她拉住那个高层人员问道："你凭什么解雇我？"

那个高层人员也很疑惑，他现在也不知道具体发生了什么事，只能小声地对妇女说："你知道你面前的这位老人是谁吗？"

"不就是一位老园丁吗？"

"什么？老园丁？他是集团总裁詹姆斯先生！"她这样级别的一个经理在集团里很少有见到总裁的机会。这时，老人走过来摸了摸那男孩的头，意味深长地说："我希望你明白，在这世界上最重要的是要学会尊重每一个人。"

詹姆斯教给男孩一个浅显的道理：这个世界上每个人，无论贫富、美丑、长幼，都值得被尊重和爱护。任何一个伟大的人都有他渺小的一刻，任何一个平凡的人也都有他伟大的瞬间。

真正的尊重，是不分能力有多强，地位有多高，权势有多重的。尊重是不分界限的，我们应该将尊重贯彻到每一个人。只有这样，我们才能得到来自于他人的真心实意的尊重。

送人玫瑰，留下手中持久的芳香

白鹤报恩之类的故事我们听过很多。这样的故事总在告诉我们，要多帮助别人，这样才能得到别人的回报。

但现实生活中，我们做的很多好事却不是为了对方的回报。我们给乞丐一点零钱，给流浪的猫狗一顿饱饭，给陌生人一点帮助——这些我们所帮助的对象，以后也许再也不会遇到，更别说等待他们的回报。然而，这样不计回报的帮助才是真心的帮助，才是善良的真谛。

帮助别人，不是为了回报，也不是为了让别人褒奖。某部书中说："你的左手做好事，不要让你的右手知道。"善良不是为了拿来炫耀和展示，而是心中时刻流淌的一种美德，是可以从帮助别人这件事本身获得快乐。

送人玫瑰，手有余香。这余香就是我们最好的报偿。我们并不需要收到玫瑰的人还赠我们一束百合或一篮瓜果，仅仅看到对方的笑容，便已觉得满足。

圆觉寺有一个非常著名的诚拙禅师，每次他要讲经的时候，十里八乡的人都会赶到寺庙围个水泄不通。时间长了，有的信徒提议建一座较宽敞的讲堂，就不用这么拥挤了。

之后，不断有信徒来到寺庙捐善款。一次，一位信徒用袋子装了50两黄金送到寺院给诚拙禅师。禅师收下金子后，什么也没有说，就去忙其他的事情了。

看到禅师这个举动，信徒非常不满。他觉得这可不是一笔小数目，可是自己竟然连一个"谢"字都没有得到。于是，他提醒禅师道："师父！你知不知道我给你的袋子里装了50两黄金？"

"你给我的时候就已经说过了，我知道。"禅师漫不经心地说道。

看到禅师在说的时候连脚步都没有停下，于是信徒提高嗓门喊道："师父，我捐了那么多的钱，你怎么连个'谢谢'都没有对我说呀？"

听了这话，禅师停下来，十分平静地说道："你是为了佛祖而捐这些钱，为什么要我跟你说感谢？你的这种行为本是一种功德的表现，如果你硬要把这当成一种买卖的话，那我就代替佛祖给你说一声'谢谢'了。"

佛家所崇尚的一直都是大公无私，不管我们以何种方式来表达善心，最重要的就是那份心意。因此，施者都应该抱持无施的心态，真心地希望自己能够给别人带来帮助，如若我们也只是想要获得回报，那就违背了当初我们行善的本意了。

行善无小事，一心为他人着想，让一切施与了无痕迹，如果你总是在刻意强调自己的善行，反而会给自己蒙上一层虚荣的阴影。真正的慈悲和善良，是源于你心底的那份触动和感悟，是一种独特的与人分享的机会，是将心意付诸实施而不求回报的无声行动。不虚妄，不做作，不假意，只有将自己的那份心真正交诸善良来考验，我们才能获得精神上真正的愉悦。

卡耐基说过这样一句话："如果我们想交朋友，就要先为他人做些事——那些需要花时间、体力、体贴、奉献才能做到的事。"大多数成功者都很明白，要想别人爱我们、帮助我们，我们先要主动帮助别人。

在美国，很多学校都把学生是否经常参加社会活动及是否是慈善机构或非营利性机构的志愿者，和学生的学习成绩并列作为考核标准之一，所以美国人从小就鼓励孩子帮助他人。

另外，从心理角度来看，乐于助人、常常行善的人，可以得到人们对他的友爱和感激之情，从中获得的温暖也缓解了他日常生活中产生的焦虑和不安。美国哈佛大学调查研究中心对 2700 多人进行了 14 年跟踪调查得出了这样的结论："帮助他人还能够延长一个人的寿命。"

一位登山客在山中遇到了暴风雪，在风雪茫茫中迷失了方向。这场暴风雪突如其来，他的御寒装备又严重不足。他知道如果自己不尽快找到避寒处，不久就会被冻死。

可是他没走多远，四肢已冻得开始麻痹，他知道自己时间已不多了。就在这时候，他看到不远处躺着一个人，一动不动，原来这个人已经快冻僵了。登山客知道自己面临着一个困难的抉择：他应该继续赶路以拯救自己，还是设法救助雪中生命垂危的陌生人呢？

最后，他做出了一个决定，设法救助陌生人。他脱下湿手套，跪在那个生命垂危的人身边，按摩他的手臂和双腿。那个人的血脉开始流通，四肢慢慢地能够活动了，最后还能站起来。他们两人相互支持，患难与共，找到了一个可以避寒的山洞，他们生还了。

帮助别人就是帮助自己，当你帮助了别人，让他们得到他们需要的事物，你往往就会得到自己需要的事物。按照古人所说，即"投之以木瓜，报之以桃李"。在日常生活中，有许多偶然的事情将会决定你的未来命运，但前提是你必须助人和受助。

亚弗烈德·阿德勒是世界著名的精神医学家，他常对那些孤独者和忧郁病患者说："只要你每天想想，如何才能使别人得到快乐，让别人感到人世间的爱心力量，那么在 14 天内你的孤独忧郁症就可以痊愈。"在漫漫的人生道路上，你如果能够经常帮助别人，让别人感觉到快乐，那么你就会照亮你暗淡的心灵，获得温暖，度过寒冷的冬季，跨过每道障碍。

也许你给别人提供的帮助，只是举手之劳。但是对于那些急需帮助的人来讲，你就是上帝派来的天使。哈佛的珍妮·马蒂尔教授说过："人们每做一件好事的时候，心里就会产生一种愉悦。其实这就是爱心和善举给予我们的回报，这种回报正是人生中最宝贵的东西。"这种回报，就是送人玫瑰之后手中留下的余香。它不会使我们变得更成功、更富有，却可以在日后，当我们面对外界质疑时，想想自己做过的事，于是知道自己是什么样的人，所以可以坚定自我，可以坚持在正确的道路上前进。

如此，我们已经是这个充满迷思的时代里最成功、最幸福的人了。

心生慈悲，处处结善缘

善良是一种美好的品德，持着一颗善良之心，无论是于人于己，都可以少一些不愉快，多一些和谐，在点滴的善举之间，同样也可以会聚成一股巨大的力量，帮助那些误入歧途的人走回正道，给寒冷中的人送去一丝温暖。

从善或者从恶往往就在一念之间，不管到什么时候，当我们心中善恶的天平摇摆不定的时候，就要适时提醒自己一定要自律，多坚持一点善念，做到"众善奉行"，这才是一种真正的大胸怀。同时只有做到这一点，我们才能够真正地心有菩提，也就少了一些人世的烦恼。

常听到有人说，自己"本性善良"，只是因为世道险恶，因为别人都尔虞我诈钩心斗角，自己只是为了适应规则，才不得不顺势而行，做出很多违反本性的不善的事来。

的确，我们所生活的这个世界并不完美，我们常常可以看到冷漠的人，凶恶的人，不善良的人。然而这并不能成为我们也去随波逐流的借口。这个世界上永远有杀人的凶手，也有救人于危难的英雄，永远有落井下石的小人，也有雪中送炭的君子。若自己能保持一颗慈悲之心，便能排除负面能量，吸收正面的营养。只有这样，才能保持一颗善良的心，建立一片和善的生活氛围。

有一次，慧能禅师问自己一个整天打坐的弟子："你为什么终日打坐呢？"

"我参禅啊！"弟子回答道，"不是你告诉我，要想不让自己的心智迷失，能够清晰地洞察一切事物，就要终日坐禅的吗？"

"可是打坐和禅并不是一件事。"慧能禅师回答道，"所说的禅定并不是一个人形体上的定，而是一种身心极度宁静、清明的状态，能够不受外界事物的影响，抵挡住外物的一切诱惑，这样，自己那面心灵的镜子就永远也不会蒙尘了。"

弟子又追问道："那怎么样才能做到不为外物所迷惑呢？"

慧能禅师意味深长地回答道："尽想人间的善事，心就是天堂；总想着邪恶之事，心就化为地狱。心生毒害，人就和畜生一般；心生慈悲，处处都是菩萨。"

你对生活笑一笑，它也会给你一个笑脸，如果你整天愁眉苦脸，生活自然也就无精打采了。就像慧能禅师所说的那样，整天想着那些美好的事情，自然就会有如在天堂般快乐；当你心中总想着罪恶的事情，心中自然就会惴惴不安了。参禅如此，人生之道也是如此。

心无善念的人，看到别人夫妻情侣恩爱相聚的照片只会恶毒诅咒"秀恩爱，分得快"；而对心生慈悲的人，却只会献上真挚的祝福，并因对方的幸福而体会着欣慰。心无善念的人，看到别人诉说照顾病中亲人的不易，只是轻蔑地说句"病人自己还没叫苦，你矫情什么"；而对心生慈悲的人，却会恳切地安慰，并在力所能及的范围内施以援手。心无善念的人，对于鸣笛的救护车不屑一顾，因为在他们看来，救护车即使鸣笛也不一定有病人在上面，况且其他车也没有让行；而心生慈悲的人，即使自己一个人让行改变不了什么，也毫不迟疑地去做也许能救人一命的行动。

善良就是如此简单琐碎。有的人跋山越岭，受尽千辛万苦想要得到圣贤的点化。殊不知，圣贤就在我们的身边，如若你是一个自私的小人，从来都不愿意帮助别人，你便终究不可能领悟到慈悲的真谛；可是，如果你是一个心怀慈悲、乐善好施之人，你不用千里迢迢，自然能够感觉到圣贤就在我们身边，指引着我们一心向善。

当我们心中拥有一颗慈悲之心，就会广结善缘，也会避免很多的纷争，与人为善，多一些怜悯，不仅可以促进善念的传播，还可以终结那些邪恶的念头，从心灵深处树立一种慈悲的信念。因为常怀感恩之心，这时我们就会发现自己一直都沐浴在和煦的阳光中，世界很美好。

阿那律是一个非常专注的修行者。他常常通宵达旦地诵读经文，长此以往，因为太过劳累，一只眼睛渐渐瞎了。

虽然他感到非常悲痛，可是并没有因此一蹶不振，而是更加勤奋地研读经书。有一次，他的衣服破了一个洞，于是自己简单地缝补了一下，可是没过多久又脱线了。因为眼睛看不清楚，在他再次缝补的时候怎么也穿不上线。佛陀了解到他的困难，于是来到房间帮他穿针引线。

"是谁在帮我？"阿那律问。

"是佛陀。"

阿那律听了以后非常感动，佛陀说道："帮助他人本来就是我们的责任，一定要时刻提醒自己保持一颗善念。"

听了佛陀的话之后，阿那律深受启发，尽管眼睛不好，可是他仍旧竭尽所能地帮助别人，最终成为一位非常著名的禅师。

关爱世间万物，方能普度众生，倘若自己都没有一颗善心，又如何来解救天下人脱离苦难？心中悲天悯人的善良可以促使修佛之人形成一颗菩提心，而这颗菩提心又可以阻止一些恶行。虽说这个过程中我们会付出一些努力，可是真正帮助到他人的时候，那种愉悦的心情是没有什么可以替代的。

有句话说得好，一念之慈，万物皆善。

如果心中怀有慈悲，看世界充满善意，那么，爱就在身边，而所谓极乐或天堂，也就是身处的世间。

因果循环，福祸相依

现实生活中，我们常常听到这样的抱怨，觉得世界上所有的倒霉事都发生在自己身上，而幸运则从来都和自己无关。

诚然，关于这个世界我们有很多事情无法改变，比如，我们没法阻止春天的逝去和冬天的到来，我们无法改变天气的好坏，我们也不能决定自己的运气。可是，还有很多事是我们可以选择和改变的：我们可以选择享受夏天的灿烂阳光、欣赏冬天的雪景，可以搬去气候更好的城市居住，也可以用善心来影响我们未来的运气。

佛家相信因果循环，此生修行，来生便可享福。而即使不相信来生，善行也会在我们未来的道路上铺下一块平坦的基石。

克拉克与父亲一起排队买票看戏，很快就要轮到他们了。这时候，他与父亲发现，自己前面的一家人，有8个孩子，他们都在10左右，虽然看起来并不富裕，却收拾得干干净净。他们议论着今晚的戏剧，仿佛非常激动。

他们的父母，则站在最前面，一副非常自信的模样。票务员问这位男士："你要多少张票？"

男人说道："当然是10张！"

然而，片刻之后，这个男人低下了头，因为10张的票价已经超出了他的承担范围。可是，他迟迟没有转身，因为他不知道该如何给孩子们交代。

克拉克的父亲目睹了一切。他悄悄地拿出40美元，然后丢在地上。这时候，他拍拍那个人的肩膀说："先生，您的钱掉了。"

这个人惊讶极了，立刻看穿了克拉克父亲的目的。他想解释，这时克拉克的父亲低声说："让孩子进场，其他的都不要说了。"

顿时，那个人嘴唇在发抖，泪水忽然滑落。他说道："谢谢，谢谢您，先生，这对我和我的家庭意义重大。"

克拉克和父亲那晚并没有进去看戏，克拉克却并不遗憾。他看着父亲，感觉这个夜晚是如此伟大，如此让人快乐！从这以后，他也如此要求自己，总是毫不吝啬地帮助别人。十几年后，当克拉克的父亲因为疾病急需治疗时，一位专家从外国不请自来，帮助他走出了人生的困境。这位专家，就是那个夜晚里，那一家的一个孩子。这些孩子早已知道了那晚的事情，所以他们要用自己的行动，来报答恩人一家！

身患重病自然是不幸的，然而一定有人觉得克拉克的父亲运气太好了，生了病竟然就有专家来给诊治。正是克拉克与父亲旧日的善行，才将这不幸的灾祸转成了福报，他拥有的不是运气，而是善良和慈悲带来的福祉。

佛家常常普度众生，告诫世人要无私奉献，用明灯去照亮别人。其实当照亮别人的时候，自己也看到了光明，与己而言，没有损失。我们不可能要求每个人都能达到无私的境界，但至少要明白，有了付出才会有回报。就像孟尝君，他不收百姓们的债，等到自己落难之时，还是曾经自己的善行让他有了立身之地。

有一位大财主，名叫"提婆"，他爱财如命，为人更是尖酸刻薄，从不去做公益的事，因此，人们很讨厌他。

提婆很有钱，家中藏有8万余两黄金，让人不解的是，他的日常生活过得却和穷人一样。他死后，因为没有子孙继承，按照法律，他的财产应该归国家所有，这下子人们心中畅快，而议论也纷纷响起。

当时的国王深感疑惑，于是便去请教佛陀，他问道："佛陀，像提婆这样吝啬的人，为什么今生会那么富有？"

佛陀微笑道："国王，这是有前因后果的。提婆的前世曾经供奉过一位佛祖，种下了善根，所以得到了很多福报，今生的富贵是他最后一次福报了。"

国王又问："他今生没有做好事，也没有做坏事，那他的来生会不会也和今生一样大富大贵呢？"

佛陀摇头道："不可能了，他的余福已经用完了，来生没有福报可享了。"

凡事都有两面性，有善与恶，有对与错，有好与坏，有加与减，就连矛盾都有两面性。也许你今生大富大贵，什么不缺，那是因为前世积累下来的福德；而今生骄躁，处处不为他人留有余地，那么来世这些自己曾经做过不好的，都会降临在自己身上。佛陀用"善因善果"、"恶因恶果"来阐释大财主的前世今生的两面。

佛经内有这样一句话："富贵贫穷各有由，夙缘分是莫强求。未曾下得春时种，坐守荒田望有秋。"人世间的事，不论善恶、得失、好坏，这些都有因果关系，任何一件事都脱离不了因果的法则。有些人对社会抱怨，同样是人，为什么会有贫富、贵贱呢？因为有些人游手好闲，坐吃山空；有些人则乐善好施，懂得为人之道。

生活中人人都会有幸运和不幸，人生本就充满了悲欢离合，酸甜苦辣，既有狂风骤雨，也有风和日丽。而善举，就像你沿路走来埋下的一粒粒种子，也许不是每一颗都会发芽，但也许就在你不知道的时候，哪一颗种子就成长为供你日后遮风挡雨的大树，哪一颗种子就结出日后为你充饥解渴的果实。

苦涩与甜美都是生活的一部分，福祸本就相依相伴，没有人的生活能一帆风顺，也没有人的生活完全暗无天日。而善举，就是埋藏在这福祸之中的一个让苦难转换为福祉的契机，怀一颗善良的心，以善举来播种善因，如此，才能收获善果，才能在起伏波折的人生中收获一条平坦而阴凉的坦途。